KB264088

멘사 스도쿠 스페셜

멘사 스도쿠 스페셜

IQ 148을 위한 두뇌 트레이닝

1판 1쇄 펴낸 날 2017년 11월 30일
1판 3쇄 펴낸 날 2019년 9월 20일

지은이 | 마이클 리오스

펴낸이 | 박윤태
펴낸곳 | 보누스
등　록 | 2001년 8월 17일 제313-2002-179호
주　소 | 서울시 마포구 동교로12안길 31
전　화 | 02-333-3114
팩　스 | 02-3143-3254
E-mail | bonus@bonusbook.co.kr

ISBN 978-89-6494-322-9 04410

* 이 책은《멘사 스도쿠 리미티드》의 개정판입니다.

• 책값은 뒤표지에 있습니다.
• 이 도서의 국립중앙도서관 출판예정도서목록(CIP)은 서지정보유통지원시스템 홈페이지 (http://seoji.nl.go.kr)와 국가자료공동목록시스템(http://www.nl.go.kr/kolisnet)에서 이용하실 수 있습니다. (CIP제어번호: CIP2017028165)

IQ 148을 위한 두뇌 트레이닝

MENSA SUDOKU SPECIAL

마이클 리오스 지음

보누스

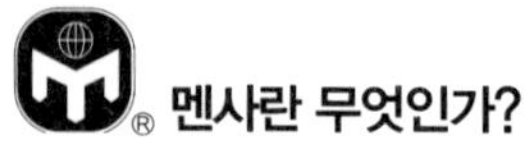

멘사란 무엇인가?

멘사란 '탁자'를 뜻하는 라틴어로, 지능지수 상위 2% 이내(IQ 148 이상)의 사람만 가입할 수 있는 천재들의 모임이다. 1946년 영국에서 창설되어 현재 100여 개국 이상에 13만여 명의 회원이 있다. 멘사코리아는 1998년에 문을 열었다. 멘사의 목적은 다음과 같다.

- 첫째, 인류의 이익을 위해 인간의 지능을 탐구하고 배양한다.
- 둘째, 지능의 본질과 특징, 활용처 연구에 힘쓴다.
- 셋째, 회원들에게 지적·사회적으로 자극이 될 만한 환경을 마련한다.

IQ 점수가 전체 인구의 상위 2%에 해당하는 사람은 누구든 멘사 회원이 될 수 있다. 우리가 찾고 있는 '50명 가운데 한 명'이 혹시 당신은 아닌지?

멘사 회원이 되면 다음과 같은 혜택을 누릴 수 있다.

- 국내외의 네트워크 활동과 친목 활동
- 예술에서 동물학에 이르는 각종 취미 모임
- 매달 발행되는 회원용 잡지와 해당 지역의 소식지
- 게임 경시대회, 친목 도모 등을 위한 지역 모임
- 주말마다 열리는 국내외 모임과 회의
- 지적 자극에 도움이 되는 각종 강의와 세미나
- 여행객을 위한 세계적인 네트워크인 'SIGHT' 이용 가능

멘사에 대한 좀 더 자세한 정보는 멘사코리아의 홈페이지를 참고하기 바란다.

- 홈페이지 : www.mensakorea.org

CONTENTS

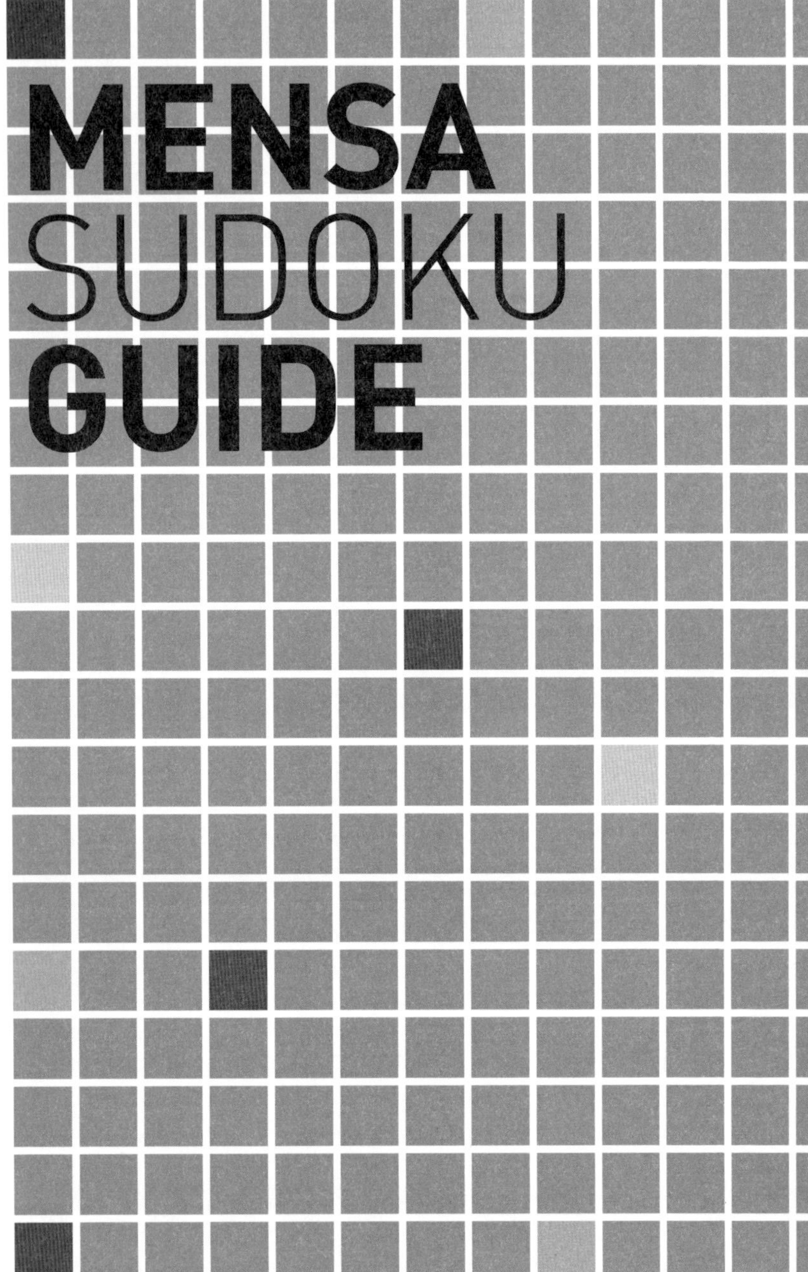

MENSA
SUDOKU
GUIDE

멘사 스도쿠에 도전한다

스도쿠를 풀기 위해 알아야 할 것은 다음 한 가지 규칙뿐이다.

각각의 가로줄과 세로줄, 3×3 박스를 구성하는 9개의 칸에 1에서 9까지의 모든 숫자를 하나씩 채워 넣는다.

문제 풀이의 규칙은 이것이 전부다. 이 간단한 규칙을 사용해 다음 쪽에 있는 예제를 어떻게 풀 수 있을지 살펴보자.(예제의 위쪽과 왼쪽에 있는 알파벳은 설명을 쉽게 하기 위한 것으로 일반적인 스도쿠 문제에서는 표시되지 않는다. 또한 이 책에서는 국제적인 게임인 스도쿠의 특성을 고려해 스도쿠 용어를 원어 그대로 '셀[칸]' '로우[가로줄]' '컬

	A	B	C	D	E	F	G	H	I
J									
K					2		1	8	4
L	9		5		7		2		6
M	1		4	3	9	2		7	
N				7		6			
O		7		1	4	8	9		2
P	3		2		6		8		5
Q	8	4	9		3				
R									

럼[세로줄]' '박스[상자]'로 표기했다.)

맨 처음에 넣을 숫자는 너무 당연하다. 중앙의 3×3 박스를 보자. 셀EN만 빈칸으로 남아 있고, 1~9 중에서 빠진 숫자는 5뿐이다. 따라서 셀EN에는 반드시 5가 들어가야 한다.

다음으로 들어갈 숫자는 좀 더 신중하게 찾아볼 필요가 있다. 왼쪽 위에 있는 3×3 박스를 살펴보자. 4는 어디에 들어가야 할까? 일단 셀AK, 셀BK에는 들어갈 수 없다. 로우K의 셀IK에 벌써 4가 있기 때문이다. 또한 컬럼B의 셀BQ에 이미 4가 있으므로 셀BJ와 셀BL도 안 된다. 마찬가지로 컬럼C의 셀CM에도 4가 있으므로 셀CJ에 들어갈 수도 없다. 따라서 4를 넣을 수 있는 곳은 셀AJ뿐이다.

이제 같은 박스에 있는 셀BJ를 살펴보자. 셀EK에 이미 2가 있으므로 셀AK, 셀BK, 셀CK에는 2가 들어갈 수 없다. 한편 셀GL과 셀CP에 2가 있으므로, 셀BL과 셀CJ에도 2가 들어갈 수 없다. 따라서 2가 들어갈 수 있는 곳은 셀BJ뿐이다. 이 2는 방금 전 셀AJ에 4를 집어넣었기 때문에 들어갈 수 있었음을 기억해둘 필요가 있다. 많은 스도쿠 문제들은 이런 단서를 가지고 풀이할 수 있다.

지금까지의 풀이는 다음과 같다.

	A	B	C	D	E	F	G	H	I
J	4	2							
K					2		1	8	4
L	9		5		7		2		6
M	1		4	3	9	2		7	
N				7	5	6			
O		7		1	4	8	9		2
P	3		2		6		8		5
Q	8	4	9		3				
R									

이제 컬럼A를 살펴보자. 컬럼A에는 빈칸이 4개 있는데 이 중에서 2가 들어갈 수 있는 셀은 무엇일까? 셀EK와 셀BJ에 2가

있으므로 셀AK는 제외된다. 또한 셀IO와 셀CP에 2가 있으므로 셀AO와 셀AR에도 들어갈 수 없다. 따라서 2가 들어갈 곳은 셀AN이다. 한편 셀AL, 셀EM, 셀CQ에 9가 있으므로 셀BN은 9가 되어야 한다. 어떻게 풀이한 것인지 이해할 수 있을 것이다.

이제 셀IM에 어떤 숫자가 들어갈 수 있을지 알아보자. 로우M과 컬럼I에 있는 숫자들을 모두 살펴보면 1~9 중 8만 빠져 있음을 알 수 있다. 따라서 셀IM에는 8이 들어가야 한다.

지금까지 풀이한 내용은 다음과 같다.

	A	B	C	D	E	F	G	H	I
J	4	2							
K					2		1	8	4
L	9		5		7		2		6
M	1		4	3	9	2		7	8
N	2	9		7	5	6			
O		7		1	4	8	9		2
P	3		2		6		8		5
Q	8	4	9		3				
R									

이제부터는 지금까지 배운 해법을 사용해 셀CN에 어떤 숫자를 넣어야 할지 찾아보자. 셀CN을 채우고 나면 셀BL, 셀HL, 그다음

에는 셀DL과 셀FL에 들어갈 숫자를 찾을 수 있다. 이런 식으로 계속 풀다 보면 숫자가 채워짐에 따라 문제가 점점 쉽고 재밌어질 것이다.

풀이가 끝난 해답은 다음과 같다.

	A	B	C	D	E	F	G	H	I
J	4	2	1	6	8	3	5	9	7
K	7	3	6	5	2	9	1	8	4
L	9	8	5	4	7	1	2	3	6
M	1	5	4	3	9	2	6	7	8
N	2	9	8	7	5	6	4	1	3
O	6	7	3	1	4	8	9	5	2
P	3	1	2	9	6	7	8	4	5
Q	8	4	9	2	3	5	7	6	1
R	5	6	7	8	1	4	3	2	9

이 책에는 STANDARD 레벨부터 PREMIUM 레벨까지 모두 267문제가 수록되어 있다. 스도쿠 초심자라면 조금 어렵게 느낄 수도 있겠지만, 중급 이상의 실력자라면 충분히 도전해볼 만한 문제들이다. 특히 평범한 난이도의 문제에 식상해진 퍼즐러라면, 보다 까다롭고 보다 치밀한 추론이 필요한 이 책의 수준 높은 문제들에 만족하리라 생각한다. 이 책의 관문을 무사히 통과한다면 '고수

중의 고수'만이 풀 수 있는 최상위 레벨로 도약하는 것만 남아 있다고 자신해도 좋다.

자, 그럼 이제부터 논리게임 스도쿠의 매력을 느껴보자.

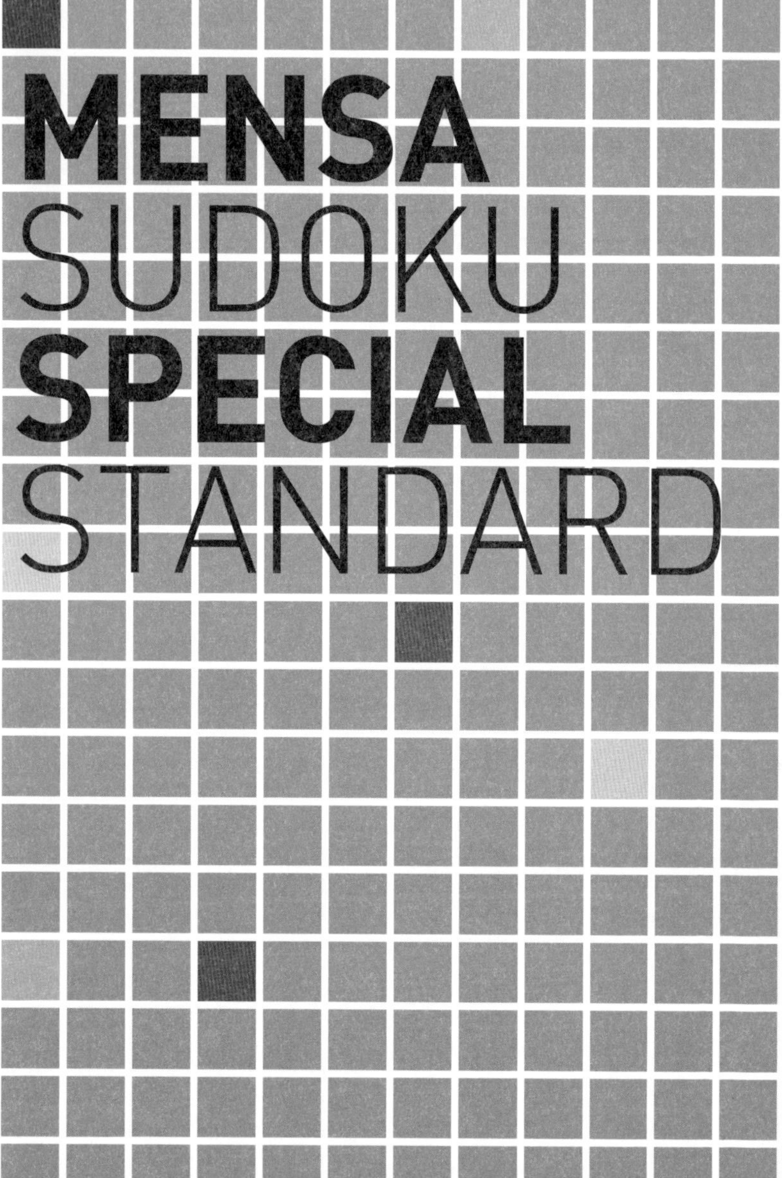
MENSA
SUDOKU
SPECIAL
STANDARD

001

2		9					6	
	1		4	6	3		2	
		4			5	7		
					8		3	9
			5	7	9			
9	8		3					
		2	6			4		
	7		9	8	4		5	
	9					8		6

002

	6		2			9	1	
	5		6					3
	8			7	4			
		2		5		6	8	
			4		9			
	7	5		1		3		
			5	6			3	
6					3		7	
	2	3			8		6	

STANDARD

003

8		5			2			1
		6				7		
7	1		5			4	8	
		8	4		6			3
			2		3			
6			8		7	5		
	6	7			8		5	4
		1				8		
3			9			1		6

004

		8		2	6			1
9			1					
		5	3	9			6	
3			2				7	
7		2				5		4
	6				4			3
	8			3	2	1		
					7			9
5			8	6		3		

STANDARD

005

	9			4				8
		8		3	9			
	2					5	9	6
9			1	8				
8	7						4	3
				6	7			2
7	6	4					5	
			7	5		8		
3				9			7	

Mensa **Sudoku**

006

	5	3			6			2
		1			2			5
		2	5			3	4	8
	3	7						
1				6				3
						1	2	
3	2	8			1	7		
6			4			8		
4			8			2	3	

STANDARD

Mensa **Sudoku**

007

5	8			2		4	9	
			9	4	8		2	
					7	8		
			3	7	6			2
		3				6		
6			8	9	4			
		1	7					
	3		2	8	5			
	6	9		1			8	5

008

4			5					8
	9		6		3			
5		7		1	8			
	1					4		6
7		6	4		5	8		9
8		9					5	
			2	5		6		7
			8		7		3	
6					4			5

STANDARD

Mensa **Sudoku**

009

6			9	7	1			8
	2				5	4		6
		8			4			
	5			6			3	9
		6				2		
8	3			4			5	
			8			7		
7		3	5				4	
2			4	9	7			3

Mensa **Sudoku**

010

	3	7	4	5		9	2	
		1			9			
		6		7	3			
	1							2
2		5				6		7
6							9	
			3	4		2		
			5			7		
	5	3		9	6	8	4	

STANDARD

Mensa **Sudoku**

011

		7		4		9	6	
					2	8		5
8			9				3	
	9				7			2
6	1						5	9
7			2				8	
	7				5			8
2		4	7					
	6	3		9		1		

012

6		9			7		8	
	3			6				7
	4		9				2	
		3		2	1	8		
4			7		3			5
		2	5	8		3		
	9				6		3	
2				4			6	
	5		2			7		8

STANDARD

013

		7	9				3	6
	3			8	2			1
		5			6			
5			1				6	
9			8	6	3			5
	2				9			8
			4			9		
7			2	9			5	
4	5				7	2		

014

				1			3	
	1		8				4	2
			5	4	7	8	1	
				6		1		
2	6						7	3
		9		5				
	8	3	6	2	1			
1	4				5		6	
	5			9				

STANDARD

015

1	9		3					
	7	5				6		
		2			4			1
					8		4	6
3		1	2		6	5		7
2	6		7					
6			8			3		
		9				1	6	
					9		7	8

016

	9	3		5		6	2	
			4			8	5	
			9	1				3
	5				9	7		2
1		2	3				8	
2				3	6			
	7	9			1			
	6	8		9		3	1	

STANDARD

017

		8						
3		7		4		2		5
				7		1	9	
	5	6			7		8	9
			3		8			
8	2		9			6	4	
	8	4		3				
2		5		8		4		1
						8		

018

		7			1		9	
			3	8		5		
9	3		4				1	6
	2			6				1
6								9
1				5			3	
5	6				7		8	3
		2		9	3			
	4		8			7		

STANDARD

Mensa **Sudoku**

019

		3						
1			6		3	4		5
7		6					3	
	1		3	6				
6		5	7	4	1	9		8
				9	5		6	
	6					2		9
3		8	1		2			7
						1		

Mensa **Sudoku**

020

4			3					
	9		4			5	8	
			8	6		3		
8		4	6		2			9
	6						1	
2			5		1	8		6
		1		8	6			
	2	3			4		9	
					3			2

STANDARD

Mensa **Sudoku**

021

8		4		1	2			
5				4			1	6
		2					4	8
	8	9	4		3			
6								7
			8		9	3	2	
3	2					1		
9	1			5				3
			1	3		9		2

Mensa **Sudoku**

022

8			5				2	1
		2	9		1		4	
		6			4		5	
	3	7				4		
			8		2			
		8				3	9	
	7		3			1		
	2		1		8	5		
1	8				5			4

STANDARD

023

5	2		6	4				
	1		9					
9	3	4		7				
		1			7	6	9	
			8	5	9			
	9	8	3			2		
				6		7	2	9
					3		6	
				8	4		5	3

024

				5	8	2	6	
			7			5		3
					2		9	4
	9			6	4	7		
2								6
		3	1	2			8	
3	1		2					
5		7			1			
	2	6	8	4				

STANDARD

025

	8		5			1	6	9
	5				2			
9	3		8	6				
			6	2		9		
5		8				6		4
		9		5	8			
				4	6		8	7
			2				3	
2	1	4			3		9	

026

			1		7			
3			6		2			5
		7	3				8	
	5					9	2	
4		9	8	1	5	6		7
	7	3					5	
	3				8	1		
1			5		4			9
			7		1			

STANDARD

Mensa **Sudoku**

027

			2		5		4	
4					6	9		
	1				9			2
3						1	2	6
2	8						5	9
6	5	1						3
1			4				6	
		4	8					7
	9		6		7			

028

					5	8		
9			3			7	6	1
	8					4	9	
	3		7		2		1	
2								8
	1		5		6		7	
	9	3					4	
1	4	7			9			6
		8	6					

STANDARD

029

		9	2				8	
8			3		4		7	6
	7		9				1	
	8	5		7				
			1		6			
				8		6	2	
	5				3		9	
2	4		7		1			8
	9				5	2		

030

		1						6
	5				7	3		
4		8	6	2		7		
			4		8	5		3
9								8
7		3	9		2			
		2		9	5	6		7
		4	7				3	
3						9		

STANDARD

Mensa **Sudoku**

031

	3	1	2	4	6			
		5	9				4	
	8		1					
		8	5				9	7
			4		9			
9	2				7	3		
					1		6	
	1				4	5		
			6	5	2	7	1	

032

				3	7		9	1
2		5				3		
	1			9				
1	7	9				6		
5	4			6			7	8
		8				9	5	2
				4			2	
		6				8		3
9	5		1	8				

STANDARD

033

4		7						1
6					7	5		2
	2		5	4			7	
9	6			3				
			6		4			
				8			9	3
	8			7	9		6	
1		4	2					9
3						7		8

Mensa **Sudoku**

034

		3		8				6
	7				5	9		4
	9	5	4		1	2		
			8					9
		4				6		
9					2			
		9	3		7	8	4	
3		1	5				9	
2				1		5		

STANDARD

035

3	5	9			6		4	
	8		4			9		
					7		2	
	4						7	
5	1		2	8	9		3	4
	9						8	
	3		9					
		4			8		6	
	2		7			5	9	8

036

			5	2				9
	2	8	9		7		1	
	9		8					
7		6		5				
	3	4				5	6	
				6		8		1
					9		3	
	6		3		2	4	7	
2				4	5			

STANDARD

037

	4	8						
	1		9	8	3	4		
2			4					
5				7		1	4	
7			1		6			3
	3	6		5				2
					9			4
		2	5	4	7		6	
						5	7	

Mensa **Sudoku**

038

7								4
		3	5				9	
8			4	3		5	7	1
				7	8	2		
			1	6	2			
		9	3	4				
3	7	8		2	4			9
	4				3	6		
2								7

STANDARD

Mensa **Sudoku**

039

	8		3		6	9		4
	9	2		5				
	6							5
2	1			8		3		
			5		7			
		8		3			9	2
7							1	
				7		2	5	
6		3	1		2		7	

040

			4	1			9	5
	4					2		7
	9	5			7	3	1	
8				2				
			1		4			
				5				6
	1	4	9			6	2	
5		9					4	
7	6			4	8			

STANDARD

041

		3		1		9	6	
					6	7	1	
	5	1						8
	8			9				3
	3	7	8		4	1	5	
1				5			8	
3						8	7	
	4	2	6					
	7	6		8		2		

042

				1			5	
	3				2			4
1		4			7	2	6	9
			9		5	8		
4	5						3	7
		9	7		3			
9	7	1	8			3		6
3			2				7	
	2			7				

STANDARD

043

	9	4	5		7	2		
	3	6						1
2					1			
		1	4				5	8
3	8						4	9
9	4				8	6		
			6					7
6						9	1	
		9	1		2	4	3	

Mensa **Sudoku**

044

	9	4		1	2	5		
	8	1						
5			9	6		2		
							6	5
4		5				8		3
9	7							
		6		4	9			1
						6	8	
		9	6	7		3	5	

STANDARD

045

	8			6			4	
9	5			4			2	8
			8			6	1	
			5		8	9		3
		9				4		
3		8	4		9			
	1	5			3			
4	7			8			3	6
	9			5			7	

046

1	9	5		7	3			
7			2					
						5		
	8	2	3			1		
4	3		6		1		8	5
		7			9	6	2	
		4						
					4			8
			9	6		2	4	7

STANDARD

047

					7		8	3
		6	2		8			
3	2		4	1				
					4	9	6	2
	6						5	
4	5	2	8					
				8	1		7	6
			3		9	8		
7	8		6					

Mensa **Sudoku**

048

6		4	5	7	9			
7			6		1		5	
		9					7	3
		3						
9	4						2	1
						9		
4	5					1		
	8		9		5			6
			7	1	2	5		8

STANDARD

049

		2	8			3		4
3	5		2	9				
		1		5		9	8	
5				6				
			4		9			
				1				8
	3	7		8		2		
				4	7		6	5
1		5			6	8		

050

				6				7
	7	1	9		2			
5	8					1	6	
	2		7	9			4	
8				5				1
	9			4	1		2	
	5	8					1	4
			4		7	3	5	
3				1				

STANDARD

Mensa **Sudoku**

051

9			8	7	2	1		
	4	5	3					
8							9	
2			6			9		
	7	9				2	5	
		4			7			1
	3							7
					3	6	1	
		8	2	6	4			9

052

9		1			3		2	
		2						3
8	3				4			
			6		9	4		
1	7		2		5		9	6
		6	1		7			
			4				8	9
7						2		
	2		8			3		4

STANDARD

053

8		2	7		6	1		
7			5		8	2		
			9					8
4						9	2	
9		8				3		5
	5	3						4
2					3			
		6	4		9			2
		4	2		7	5		9

054

	3		5					
	9	5		4			2	
	7	8			2	9	6	
			4			8		
	6		3	7	5		1	
		3			1			
	8	7	2			3	5	
	1			5		7	4	
					3		8	

STANDARD

055

8		6		9	3			
4				7		9		
9			6			8		
5	4		7				9	
3	8						7	1
	6				1		5	2
		8			4			9
		7		6				4
			3	8		2		5

Mensa **Sudoku**

056

6			5					4
		4		1		3		5
3	8			7				2
		7		8	1			
	3						2	
			4	2		6		
1				3			5	7
5		3		4		8		
9					2			1

STANDARD

057

		9	3		2		7	
				1			9	
		4			8	2	3	
1			4			8		3
			1	7	5			
2		5			3			1
	2	3	5			9		
	5			9				
	7		2		6	4		

Mensa **Sudoku**

058

	3	2	6		8	9		
	9			4	5	8		
	5	8				3		1
1		6				7		5
7		3				6	2	
		1	8	5			7	
		5	7		2	1	9	

STANDARD

Mensa **Sudoku**

059

4	7			1	2			
		9	4				1	2
		8				4		
5		1		3			8	
7		2				9		6
	8			6		3		1
		3				5		
8	2				4	1		
			3	5			2	9

Mensa **Sudoku**

060

4								
	8	9			4		6	
			1	9		5	4	2
	1			5		2		
	2	5				1	8	
		8		6			5	
2	4	3		1	7			
	9		3			4	7	
								3

STANDARD

Mensa **Sudoku**

061

9	2		8		5	6		4
				6		9		
	6		7					8
		9		5			1	
2			3		7			5
	8			2		7		
4					1		6	
		1		3				
6		3	2		4		8	1

062

					7		8	
	7		8			4	6	
2		3		9		5		
8	2			3	1			5
4			7	8			1	2
		4		7		1		8
	5	2			8		4	
	9		5					

STANDARD

063

4				1	5			
3	2	6	4					
				6	2			9
5	4					2		
7		8				5		3
		9					7	4
8			1	2				
					3	1	4	6
			9	7				2

064

		2	7	6				1
6	7			5		2		
		1				7	6	
	3		4					
		7	3		2	4		
					5		2	
	8	6				1		
		5		9			4	2
4				3	6	8		

STANDARD

065

7		2		8		6		
	8						4	9
3	5		2	6				
		7		3		5		4
			6		9			
2		8		7		1		
				4	2		6	5
5	6						1	
		4		1		3		8

Mensa **Sudoku**

066

						6		4
			5		7	3	1	
			4	9		8	5	
4		6				5	8	1
				5				
1	5	7				4		2
	7	1		8	2			
	4	9	7		3			
3		2						

STANDARD

067

	3					9	2	
	1			8			5	3
			3			7		1
3		9	5	4		2		
			7		3			
		6		2	1	5		7
5		4			2			
7	9			5			8	
	2	1					4	

068

		7	9		1			
3	1							5
8	4		5				3	
4				7	3	2	9	
				9				
	9	3	2	5				4
	8				5		2	3
6							1	8
			7		4	5		

STANDARD

069

		3		5			6	
		6	2	3				7
9		5			8		1	
3				2	6		7	
	9		4	8				3
	7		5			8		6
6				7	9	2		
	8			4		7		

070

	3							
		8		6	1	3		
6			3			8		1
8		9		1		4		
2	7			3			1	8
		3		9		2		7
1		6			7			3
		4	5	2		1		
							8	

STANDARD

071

6	9	3					7	
		8		2	9		3	
	5					6	4	
4				7	5			
			1	9	4			
			8	6				3
	8	9					2	
	1		2	8		9		
	6					3	8	1

Mensa **Sudoku**

072

2				8	4	3		
4	8				2		9	
	1	9						
6			7		1		2	
5								9
	4		3		9			7
						9	5	
	2		6				8	3
		5	4	1				6

STANDARD

073

1		4		5	6	7		8
		7		8		1		
		6					9	
				4	9			
	5		7		1		4	
			8	3				
	6					2		
		3		7		4		
7		5	4	6		8		1

074

8								
			8				4	1
5				4		8		7
		6		7	5		8	
3	1		6		4		7	9
	8		2	3		6		
6		4		9				2
9	7				1			
								5

STANDARD

075

	6			2	3	5		
		1			7			3
		3				1		
		7			5		2	1
	1	9				8	7	
8	2		7			9		
		5				4		
3			2			7		
		2	5	8			9	

Mensa **Sudoku**

076

	4			5				6
8		6	7				4	
7			9				2	1
	2		5		3	6		
				8				
		8	2		9		1	
6	3				8			2
	7				6	5		3
2				7			6	

STANDARD

Mensa **Sudoku**

077

7		9	5		8			
		4		9		8	2	
5			4				3	
			2				5	8
		1	7		5	3		
3	8				1			
	7				3			4
	5	6		7		9		
			8		4	5		2

078

4			1				7	
	5			7				
9	7					2	4	8
			6		1			2
5		4				1		7
2			8		7			
8	9	7					6	4
				6			3	
	3				9			1

STANDARD

Mensa **Sudoku**

079

	4							
2		6			8			
	7	9	2		3			6
	6	3		5				
	8	1	6		4	9	3	
				8		1	6	
5			9		7	3	2	
			8			6		4
							9	

Mensa **Sudoku**

080

		9	1		3			
	5				4			6
	3	6				8		
6			4			1		
1	2		7		6		4	3
		3			8			9
		2				6	5	
5			3				8	
			6		1	4		

STANDARD

081

			7		1			
					6	4	1	7
				2		8		
3			8	1	5	6	9	
9								1
	2	6	3	4	9			5
		2		5				
7	3	8	1					
			6		8			

Mensa **Sudoku**

082

7	2	5		8	4			
				2				
	4	3				7		
9		6			2		3	8
5				9				7
4	7		5			6		2
		4				2	5	
				4				
			8	5		4	1	9

STANDARD

083

	7	5		2		8		
1			4		3			9
			1	7				
	6				8	1		
4		2				3		5
		3	2				9	
				9	1			
5			6		2			8
		8		4		9	6	

Mensa **Sudoku**

084

	4	9			3		8	2
								4
			5		2	6		
6		2	3			7	4	8
9								5
5	7	3			8	2		6
		7	8		6			
3								
8	9		7			4	5	

STANDARD

085

	7		2	8		9		
		2	6					
5	3		9		4			8
		8				7		4
7	5						1	9
9		1				3		
3			8		2		9	5
					9	4		
		9		5	1		3	

086

			6		1	8		
	1					2	3	
5		6		2				4
	9		5	7				
7			9		4			2
				6	3		5	
8				3		5		1
	3	2					7	
		5	7		8			

STANDARD

087

5							4	
				4	7		2	
				2	8		6	
3	1				4	6		2
4	5						8	1
8		2	7				3	9
	7		4	5				
	8		2	6				
	9							5

088

	4	1			9			5
					3	2		
		8	6			9	4	
1	9					4	5	
			3		1			
	2	7					9	1
	1	4			7	5		
		3	5					
6			1			7	3	

STANDARD

089

	9	8				6		
			7				3	8
6			2					
8	3					9	4	
9	1		4		8		7	3
	4	6					8	5
					2			1
7	6				5			
		9				8	5	

090

		4	8		9		5	
2			3	4				9
	9			5	2			4
							9	8
			6		4			
1	8							
8			5	1			4	
3				2	8			1
	1		7		6	5		

STANDARD

091

5					8			
2		9				8	5	6
7		4			6			
	7		4					1
		3	1		2	7		
6					7		3	
			8			9		4
8	9	7				2		3
			7					8

Mensa **Sudoku**

092

				6	2	7		
						4		
7			8		1		6	9
	9	3	7					6
8		7		5		3		4
5					9	8	7	
3	6		4		5			8
		5						
		9	2	1				

STANDARD

093

					4		7	
5		1		3				
	4	7	1					
6			3	7			2	4
7	8						9	5
4	1			9	2			8
					5	4	8	
				8		9		6
	6		4					

094

	6			7		9		
			2			5	3	
9		1	5		4			6
					5	8		
4	9						5	7
		5	7					
6			9		7	3		2
	7	9			2			
		8		3			1	

STANDARD

095

5						2		
		6		1		7		
			9	6	3		5	
	2		6		4	5		
8	3						4	6
		4	8		1		3	
	5		1	4	7			
		1		8		6		
		2						8

096

				2	5		8	
7	1					3		
2					1	5	7	
4		9	1					
	5		8		7		3	
					4	9		5
	9	2	3					6
		6					2	7
	4		6	1				

STANDARD

097

	1	7	8		9			
4								2
	8	9		4				
		4	2				6	1
8		3				9		5
9	2				3	7		
				8		6	5	
6								9
			1		6	2	4	

Mensa **Sudoku**

098

	9						1	5
	6			5	1	3		
				3	4	8		
	2	5		1			4	8
				7				
1	4			2		6	3	
		6	3	9				
		9	1	6			5	
2	3						8	

STANDARD

099

5						9	4	
			8		4	5		1
4	1				6		2	8
				6	8			
1	7						8	3
			7	4				
9	5		4				3	6
6		4	1		2			
	2	7						4

100

		7	8			5		
3	5						1	2
	4		9	1		6	7	
					4			
	7		6		9		3	
			3					
	6	3		5	7		4	
7	9						5	1
		4			3	7		

STANDARD

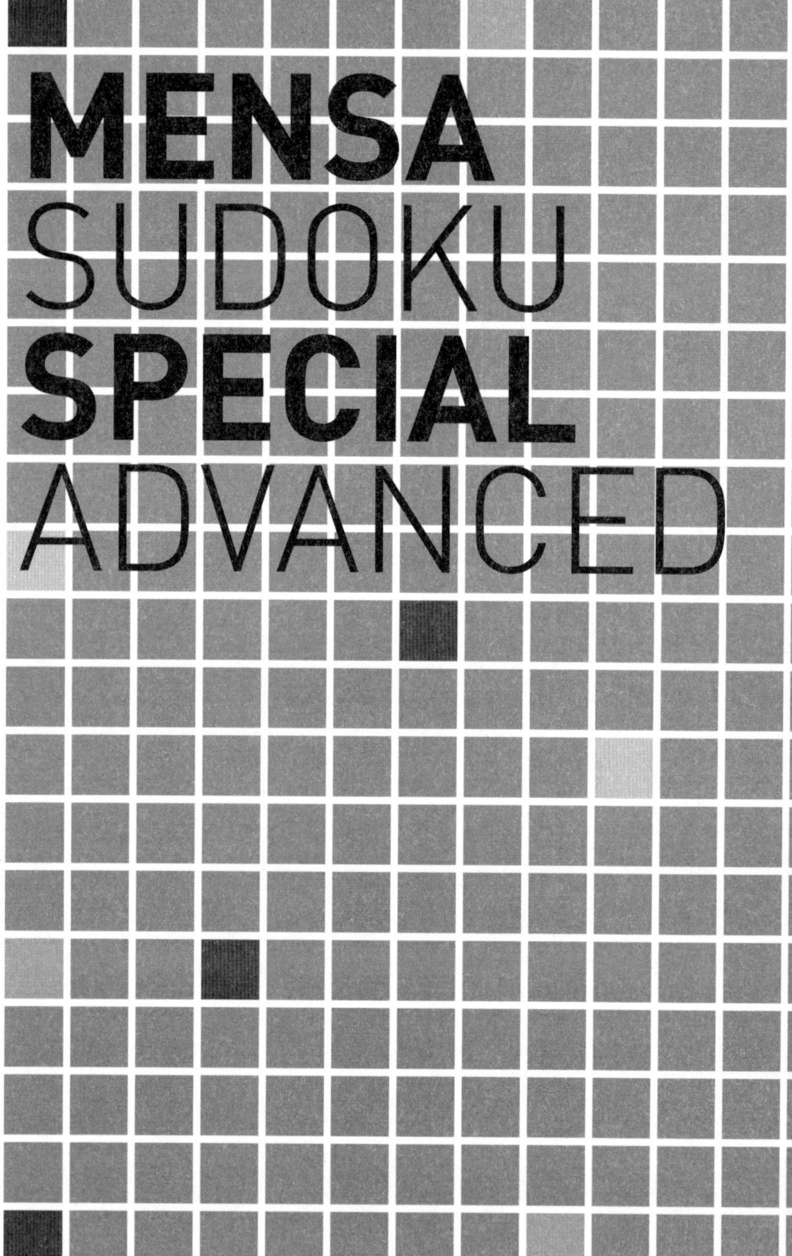
MENSA
SUDOKU
SPECIAL
ADVANCED

101

9			3				5	1
	6	4	1			9		
5			2					
	3	8					6	9
		6		7		8		
4	9					3	7	
					8			7
		9			1	5	4	
1	4				2			3

102

	3					5		
2			5		7		6	
	6				3			
4			3		5		2	9
5		9				7		3
3	7		1		4			8
			2				7	
	4		8		1			6
		3					9	

ADVANCED

103

					2	8		3
				6			5	9
					3	6	4	7
8		1	3			5		2
			2		7			
3		5			1	7		4
9	8	3	6					
4	5			3				
2		6	4					

104

7						8		
		6			7	9		
2		1		6			4	5
		7						1
	5	2	6		1	4	3	
3						6		
1	2			9		3		6
		5	8			2		
		8						4

ADVANCED

105

			6		7			2
7		6	8	4		5	1	
8	2		5					
9							8	
	7	5				6	3	
	6							5
					9		4	8
	8	9		1	5	2		7
2			3		8			

106

9				1	7	5	3	
1			3	6	5	4		
							1	
		8	5			6		
	1			8			9	
		5			1	7		
	7							
		2	1	7	6			8
	6	1	4	9				3

ADVANCED

Mensa **Sudoku**

107

		5	4					
			3				4	1
	4	3	7			6	5	2
5					3		9	
			5		6			
	7		2					3
7	5	8			1	3	6	
2	6				7			
					5	2		

Mensa **Sudoku**

108

		6	5		2			
	5		3				8	
		7				5		1
	4	8			5	6		
5	9						1	3
		3	1			8	9	
8		4				7		
	3				1		2	
			8		7	1		

ADVANCED

109

				7		6		
3			4					8
4	8	7		9	2			
	7	4				2	5	
	9			8			3	
	5	3				8	9	
			1	5		4	2	3
1					7			9
		5		3				

110

7			5				1	
5				7		4		8
1	9			3				
	1			5		2	6	
6								7
	5	2		9			3	
				8			7	4
3		4		6				2
	7				2			3

ADVANCED

111

1	9			5		3		
	3	5			7			
	2		3					1
	6		8	7				
	1	4		9		6	8	
				2	1		5	
8					2		7	
			4			1	9	
		6		1			3	8

112

		6	7					
	3		9	5	8			
5	9		3					1
	8						6	
6	1	9				5	8	3
	4						7	
1					9		3	8
			8	4	7		1	
					5	4		

ADVANCED

113

	4				5		2	
	3	8			4			
5		6	9	3		8	7	
1	7	9						
						9	1	8
	8	3		4	9	7		1
			7			4	8	
	1		2				3	

Mensa **Sudoku**

114

			2		8		3	7
	6			3			1	
			9	6				8
1				7		8		2
8		6		9				3
5				1	2			
	3			8			4	
9	7		6		5			

ADVANCED

115

	2	7		4		5		
	3			5		1		
	5	9	6					3
			5					
	4			3			7	
					7			
6					9	2	5	
		1		8			9	
		2		7		8	3	

116

		5			8		1	7
		9	3					
			7				3	
9	5		2			6		
1	3						7	8
		2			7		5	9
	1				9			
					3	5		
2	7		4			3		

ADVANCED

117

					3	8		
	4		5		7		3	1
					8			7
	7					6		2
			1	5	9			
3		8					5	
2			9					
4	5		6		2		7	
		1	3					

118

3				9		6		7
					1		9	
	7					2	8	
		2	3	4				
	8	4				7	1	
				1	6	9		
	2	3					6	
	4		1					
9		5		3				8

ADVANCED

119

							3	8
	2		5					
6	4		2		3			
2		4	7				5	
7			1		9			2
	9				5	4		7
			3		8		1	6
					2		4	
1	7							

120

	1				2		7	
5		6				3		
							8	
8		4	3	5			6	
1				7				4
	9			1	8	2		5
	7							
		3				6		7
	6		7				1	

ADVANCED

121

	2		4					6
	3		9			1		
1			6			8	2	
					1			8
	6	3		2		7	1	
2			7					
	1	8			6			9
		2			7		8	
6					3		4	

Mensa **Sudoku**

122

					8		1	
	6	5		9		2		
			2	4			3	9
		7				8	2	
2								6
	9	4				7		
7	4			2	6			
		8		3		5	6	
	5		1					

ADVANCED

123

7				6	1			
	6	1			9		2	4
							1	
		4	7			3		2
	2						8	
8		3			4	6		
	5							
3	1		9			2	6	
			1	5				8

Mensa **Sudoku**

124

5			1		3			
		3	5			6		
1	4					3		
	7	5	8					
	9		6		2		4	
					5	7	1	
		4					7	6
		9			1	5		
			9		4			8

ADVANCED

125

		1	6	4			5	
	3			2			6	
		6				9		
2	1						4	
	8		2	9	7		3	
	5						8	2
		3				5		
	7			5			1	
	4			7	8	3		

126

	1					8		9
							4	6
8			2	3			1	
2		7		5				1
		1		7		4		
9				4		2		3
	3			2	1			5
5	8							
1		2					6	

ADVANCED

127

	4							1
9					2		7	4
7		3	8		1			
					3	4		2
	6						3	
8		7	2					
			3		7	6		8
6	5		9					3
3							1	

128

	4							
	9			1	4			5
	7			9	3	8		
		9		3		4		
5		3				2		6
		8		2		9		
		6	7	8			4	
1			3	6			2	
							8	

ADVANCED

129

9		5				8		
	1		9		7	3		
					8			
4			7		2		1	8
1				6				5
2	5		8		3			4
			6					
		8	3		5		9	
		4				5		6

130

1		8		7		4		
	3		5					2
6	7				3	1		
				6	4			1
9			8	1				
		1	3				6	4
2					7		1	
		5		9		7		8

ADVANCED

131

		5			8			2
				3	1		6	
		3	6			4		
	9	2					3	
	4			9			7	
	7					2	9	
		7			5	8		
	2		1	8				
4			9			6		

132

8	2							3
				9	3	4		
	1			8	2		7	6
			8			6	3	
				6				
	9	6			1			
5	8		2	7			4	
		9	5	1				
6							2	5

ADVANCED

133

			9		2	7		
	3			6		9		2
				7				
6	4			8			2	
8		9				6		5
	2			4			7	9
				1				
3		6		2			1	
		7	8		5			

134

	8	9			2	7		
	7			9	3			1
3							5	
	9			8				4
	1						8	
8				3			6	
	4							7
2			3	7			4	
		7	8			5	9	

ADVANCED

135

	6		1			9	8	
			6	4		5		
					3	4	2	
		8	7					9
			3	5	8			
3					9	6		
	7	5	9					
		2		6	7			
	1	9			4		7	

136

8			5			3	1	
3			7	6	9	2		5
		7		1				
7							3	
				7				
	1							4
				8		6		
4		6	9	2	3			8
	7	8			6			3

ADVANCED

137

		5						3
7		8		9			1	6
		1			3	8		
			7	5		6		
	4			8			5	
		7		3	1			
		2	9			7		
5	6			7		2		4
9						1		

138

		4		2	7			
9			5					
	2		3			8		
5		3		9	1	2		
		1		6		4		
		2	8	4		9		3
		8			9		4	
					8			1
			6	7		5		

ADVANCED

139

6			7	2			8	
2				9				3
	4		8				7	9
	6	1						
8								7
						1	3	
9	8				2		5	
3				8				1
	2			3	7			6

Mensa **Sudoku**

140

		6		2				
		4	6	5				2
2						6		5
		2	5				3	
	5		2	4	3		9	
	1				9	5		
1		9						7
4				9	6	1		
				8		3		

ADVANCED

141

4		3						1
	8			6	2			
					5	3	8	9
		1	6		3	8		
				7				
		6	9		8	4		
8	9	5	2					
			4	5			3	
7						2		5

142

9					3			
		3	2	5	1	9	8	
		1						4
							1	2
			6	3	5			
7	6							
2						7		
	7	4	3	9	2	5		
			5					9

ADVANCED

143

	3	6					2	4
				4				5
	2	1	8		3			
	9				4			
8				6				9
			5				7	
			6		8	7	4	
1				9				
3	8					9	1	

144

			7		8	6		4
	9	5				1		
			5			3		
4	8	9						
1			6		5			8
						4	1	7
		1			3			
		4				2	3	
3		6	9		2			

ADVANCED

145

					9	7	2	5
					8		1	
		5		3				6
1					3		5	
	6		7		4		3	
	3		1					7
7				4		8		
	2		3					
6	8	1	2					

146

	4			1	5			
				4		6		
1					2	9	8	
	3					1		5
	1	6				3	9	
9		2					6	
	5	8	4					2
		7		6				
			2	5			3	

ADVANCED

Mensa **Sudoku**

147

	5	1	4					
		2	1				9	
4	8				6	1		
		7		6				
6	3			4			2	8
				7		4		
		5	6				4	3
	9				4	8		
					3	9	5	

148

7			4	5		1		
	4	6			7			
5				1		6		
3				4	9			
	8						2	
			1	2				7
		1		9				3
			2			5	6	
		9		7	5			2

ADVANCED

149

1			9				3	
6	2					7	4	
				8		6		9
			7		3	5		
			1	2	9			
		3	6		8			
2		8		1				
	9	6					8	4
	5				4			2

150

	1		8	9		7		
		9					3	5
6			4		2			
					5	2		1
				8				
9		2	6					
			3		9			8
5	7					9		
		1		2	8		4	

ADVANCED

151

			7		8			1
7			9	2				
5	9	8					2	
	1		5					9
			2		1			
8					9		6	
	4					5	8	2
				4	7			3
1			3		2			

152

1		7	8		2			
		2				1		
	5		1	3				9
			2			7		
2			3	6	9			8
		3			8			
3				2	5		7	
		5				9		
			9		4	5		3

ADVANCED

153

		1						9
		7	4					
	2		6	9		1		
8		3	1	5				
	9	2				4	8	
				4	9	2		5
		9		2	7		6	
					8	5		
3						9		

Mensa **Sudoku**

154

		8					1	
		2		3		6		
				8		9	4	
9		1			2			
	4	5	9		8	3	6	
			3			2		1
	8	3		7				
		9		5		1		
	7					5		

ADVANCED

155

5	7					1		3
8				3	5			
	4							
		2			7		8	4
4		9		5		3		1
7	3		8			9		
							1	
			4	8				9
9		8					6	7

156

1		3		5	6			
7				9				4
5			7			3		
		1		2	5			
3								5
			1	7		8		
		6			2			7
9				4				8
			8	1		5		2

ADVANCED

157

						3	7	
9	7		8		2	5		
5	2			3				
			6			9		
	8		5	7	4		3	
		2			9			
				9			5	6
		5	3		8		4	9
	9	1						

158

5					8			
8			5				6	4
	1						5	
				1			3	6
	6		7	9	3		2	
2	4			8				
	9						4	
7	8				1			5
			2					3

ADVANCED

159

7			5		6	4		
						3		
3		4						6
	2			6	5		8	1
				7				
1	7		3	4			9	
9						1		2
		2						
		6	1		4			8

Mensa **Sudoku**

160

		7			2		6	
		6	7	8		4		5
	3							
			6			9	4	8
				3				
9	7	4			5			
							3	
5		8		4	7	2		
	4		1			7		

ADVANCED

161

	8	2			7			5
					6	2		3
6			9	2			4	
	2		5					7
				9				
9					1		8	
	7			4	3			9
8		4	6					
3			7			5	2	

162

			2	6				3
		6		3		8	1	5
	4				5			
1					7	5		
4								1
		5	9					7
			8				7	
2	1	3		7		9		
5				2	9			

ADVANCED

163

			7			4		
9					6		8	
	5	6						1
5			8		4			7
7	9						1	4
6			1		2			5
3						7	9	
	2		5					3
		7			1			

164

	2		8	3			6	
	9	8			6	3		
			6		8	4		3
	6	3		2		7	1	
7		2	4		3			
		7	1			5	3	
	5			4	2		7	

ADVANCED

165

		5			3			2
		3			9	4		
					5	3		9
		2		4			7	3
	1						5	
3	8			6		2		
7		4	8					
		8	2			6		
6			3			5		

Mensa **Sudoku**

166

				2	6	8		7
3		2					4	6
							1	
	5					1		
	9		3	1	4		5	
		4					8	
	1							
4	7					6		3
8		6	2	5				

ADVANCED

167

8				6				
	7			9		2		1
3			5			9	4	
	6						8	2
		5				4		
2	3						9	
	5	7			8			9
9		8		3			7	
				1				4

168

2		6						9
	3					6	5	
				6			8	7
	7	1	8	5		3		
		9		7	6	5	4	
8	1			9				
	2	4					9	
9						7		6

ADVANCED

169

	8		6			9		1
	2			8	9			
6					4	5		
		4	9			2		
			4		5			
		6			8	4		
		3	5					2
			8	3			7	
8		5			1		6	

170

	6	7			1		4	
8					5			
5							7	8
9	4			2	7		5	
	5		8	4			9	3
3	9							4
			9					2
	8		7			9	3	

ADVANCED

171

1		7	4				6	9
				1		5	2	
		9						4
	4		8			9		7
				6				
8		1			5		4	
9						2		
	8	5		3				
2	3				9	7		8

172

7						1		8
				6	1			
5						6	9	
	5		7	3				
	4	9	6		8	3	7	
				4	2		6	
	6	4						1
			2	9				
8		3						6

ADVANCED

173

4	7		3					
		2	5	6			7	
					1		8	
	6	3		1		5		
	4			2			6	
		9		3		4	1	
	3		8					
	1			7	6	8		
					3		9	7

Mensa **Sudoku**

174

6					8	1		5
3	4		6					
	7			9				
2			3					
4	3		7	6	1		2	8
					2			9
				3			7	
					4		8	1
9		1	8					3

ADVANCED

175

						5		
	6	1	4		7	8		
			9			6	7	
		3	8				9	
7				2				4
	9				4	3		
	2	6			1			
		7	5		8	4	1	
		8						

176

		1			3	7		
5	2		9	6				4
		3					2	
		9	3					
	1		6		4		5	
					2	9		
	7					2		
1				5	6		8	7
		2	8			6		

ADVANCED

177

4	9	2						
6				3			9	5
	8		6					
					5			8
	5	6	8	4	9	2	7	
9			3					
					3		2	
7	2			8				9
						6	4	7

178

	4				3	6	9	5
	1			2			8	
				8		7		
		3	5			4		
6								9
		7			4	8		
		1		9				
	7			5			1	
2	6	9	8				7	

ADVANCED

Mensa **Sudoku**

179

9	2		5	8				
	5				7			
7	4		2	1				
		9	3				2	
		5		2		3		
	7				1	5		
				9	4		3	1
			7				9	
				5	3		6	4

Mensa **Sudoku**

180

4		5	1					3
	6				7	8	1	
	3				5			6
						1		
9		4		3		5		7
		2						
8			5				7	
	2	1	9				8	
6					2	3		1

ADVANCED

181

8	9		2					
2				1	4	8		
1		5				4		
					7			
7		1	6		3	5		2
			8					
		2				1		4
		3	4	9				8
					2		7	6

182

		5		8				
6	9	7	2		3			
3			5	6			9	
			8			6		9
8		2			4			
	5			4	1			7
			6		8	3	2	4
				3		9		

ADVANCED

183

	5			3	4			1
	4							
1		3			9	4		
		2	3		5			
	3			4			8	
			8		7	5		
		9	2			3		5
							6	
8			9	7			1	

Mensa **Sudoku**

184

	5			7	3		4	
7	1		9					6
4						8		
	2			6		7		5
				3				
1		7		9			3	
		1						2
9					2		7	8
	6		8	4			9	

ADVANCED

185

		1				9		
7	4				3			
5		9	1	7		3		
	1				6	2		
	7			8			1	
		6	2				4	
		2		3	9	4		1
			5				8	9
		5				7		

Mensa **Sudoku**

186

		8			4	2		6
					7			
		7	6					
	2	4		9				5
	5	9		7		3	4	
1				8		9	2	
					2	8		
			1					
2		6	9			4		

ADVANCED

187

	8	3				7		
7		2				4		
	4				7		2	3
5				6				
6			9	4	8			5
				7				6
4	6		2				1	
		7				8		9
		8				6	5	

188

1			2	4				5
6	2	7						
		9		1	6			
					5	4	8	
		6				2		
	5	8	6					
			3	2		6		
						5	9	1
7				6	9			8

ADVANCED

189

3				6			1	
		1	2					3
	7	2		8	3		6	
			7				3	
	1			3			8	
	4				9			
	8		5	9		3	7	
4					1	8		
	3			7				9

Mensa **Sudoku**

190

	6			9			5	
	3				8	2	7	
			1					
5		8	4		3			
9	7						4	2
			7		9	1		5
					4			
	8	6	3				9	
	2			5			1	

ADVANCED

191

3				6	2			
4		6		7	3		1	
5		7						
					5			2
		9		1		6		
7			9					
						2		4
	7		1	2		9		5
			6	4				7

192

7						1		
			7		1			
1	8			4	3			
2					7	4		
	3	1		5		8	7	
		8	6					9
			9	7			6	4
			4		5			
		2						1

ADVANCED

Mensa **Sudoku**

193

	4					3	2	9
	6			3		8		4
	2		1					
3				4				
6			8		7			2
				2				6
					5		8	
5		4		6			7	
8	1	9					4	

Mensa **Sudoku**

194

								4
3	8		9					2
7	5		3			6		
				5	3		8	1
				9				
9	7		8	1				
		3			4		9	6
6					5		4	8
1								

ADVANCED

Mensa **Sudoku**

195

2					4			
					8		9	
9		6		2	7	1		
	6	4						1
	9		7		6		3	
3						5	4	
		1	4	5		8		9
	2		8					
			1					5

196

	3			1		9		
1					4			2
9	7		2	8			6	
5		3				6		
				4				
		9				2		4
	5			2	6		9	8
2			4					1
		8		7			2	

ADVANCED

197

		2	4					
						6	1	
	1	6		3	2		4	
2			3	9		7		
		8				9		
		7		8	6			3
	2		1	7		3	8	
	9	5						
					8	4		

198

	7		1					2
		4	7	8		6		
5	8		3		9			
3							6	
7				5				8
	6							5
			5		4		1	6
		5		2	7	4		
4					1		3	

ADVANCED

199

	8					5	6	
		7	8	6			2	3
2							7	
1			9				5	
			2		1			
	2				5			4
	4							6
6	3			7	4	2		
	1	8					4	

Mensa **Sudoku**

200

			6					
	4				1			7
					7	2	6	5
7			2		4		5	
	5	2				6	4	
	6		1		8			9
2	8	5	3					
3			9				1	
					2			

ADVANCED

MENSA
SUDOKU
SPECIAL
PREMIUM

201

4	9							1
			9			3	6	
	3	6			8			
					7	5	4	
	1	8		9		6	2	
	4	5	8					
			2			8	3	
	8	7			5			
6							5	4

202

7			2	6			9	
2			9					
1				5		2		8
8	2			1		5		
				4				
		7		9			8	3
4		6		3				2
					5			1
	8			2	7			4

PREMIUM

203

3		1			6			
	7		3			6		
		5			2	7		1
4			9	7		2		
		3		5	4			8
6		8	2			3		
		4			7		8	
			1			5		2

Mensa **Sudoku**

204

							6	4
		8		9	3	2		
5	2			4				
3		4					7	
		9	2	7	4	5		
	5					1		6
				2			5	3
		3	6	1		8		
2	7							

PREMIUM

205

		4				7		
9	7				3			
			1			2	6	
	4		8	5				7
1	8			4			3	5
7				1	2		8	
	5	6			1			
			4				5	2
		9				8		

206

					2		5	
	3	8	4		1			7
		1		7			9	
1		3						
	9		7	4	3		1	
						7		9
	4			8		6		
5			2		9	3	4	
	8		5					

PREMIUM

207

		4	6	8		1		
9						3		5
3					2			
8		1		4				
5		3		9		8		1
				1		7		3
			5					8
2		9						4
		5		3	7	9		

208

			4		7	1		6
					6	3		2
9				2		5	7	
5		9						1
				4				
2						7		8
	9	2		6				7
7		5	3					
3		6	9		2			

PREMIUM

209

	4			2				
3	6	7			5	4		
		9						
	5		7		1	6		
1	8						4	2
		6	4		2		8	
						1		
		4	8			2	9	3
				7			5	

210

				8		7	4	5
7		5	4			9		1
	1				5		3	
2		1						
				9				
						1		6
	4		2				8	
1		6			9	4		7
9	2	8		5				

PREMIUM

211

							7	5
3			6			2	8	
			8	3	1			
	1			2		4		3
8								2
6		7		4			9	
			1	8	4			
	8	1			5			6
2	7							

212

						5		3
7						2	6	1
3	4	5	1					
				8			9	4
9				3				7
4	1			5				
					3	7	8	2
8	3	2						6
6		7						

PREMIUM

213

9		6	5				1	
	5				1	6	3	
2								
	9			2				1
4	3						9	2
8				4			5	
								7
	7	4	8				2	
	2				3	1		5

Mensa **Sudoku**

214

		4	2			9		
1		9						6
	3	8		5	9			4
2			8				7	
	8				2			3
5			6	8		4	3	
4						1		7
		3			1	2		

PREMIUM

215

2		5		6				
	9	6	2			4		
	8				9			2
3	7							
	6	1				5	8	
							1	6
8			1				9	
		7			2	6	4	
				4		1		7

Mensa **Sudoku**

216

						7	6	2
2			6				1	
			1		2	5		
7	9		3	2				
		4		5		2		
				8	6		3	7
		1	7		8			
	5				9			6
3	6	2						

PREMIUM

217

			3	4	1			8
	3	5		7	8			
						7	9	
	7	3	2					
		6				5		
					4	3	6	
	6	1						
			8	5		6	1	
4			1	6	7			

Mensa **Sudoku**

218

1		2				6	7	
	3	4		9				
6								8
	1		4		7	8		
		9		3		4		
		6	9		5		3	
7								3
				5		7	4	
	4	3				2		6

PREMIUM

Mensa **Sudoku**

219

			8	2	4	6		
			7	3				4
						9		
	3	2	9					7
7	9			6			5	3
5					8	4	2	
		5						
2				8	7			
		7	2	9	5			

220

3	8					9		2
		7	6			8		
1		2		7			4	
			1		3	6		
				4				
		1	8		6			
	4			1		7		3
		5			4	1		
7		9					2	8

PREMIUM

221

	5							
2		6	3					4
8		7		1		9	5	
	2				4			5
				9				
6			1				4	
	9	1		8		5		6
4					3	2		1
							8	

Mensa **Sudoku**

222

		3				5		2
	2			4				7
	9		1	5				
		7					4	9
5			4	2	9			1
4	8					3		
				1	3		5	
8				6			7	
3		1				9		

PREMIUM

223

2					7		1	3
8			3				2	
6			4				9	8
		1		6				
3								6
				2		1		
1	2				8			4
	9				5			1
4	3		7					9

224

				2	3			
3	7						1	9
		4			7			
	9				5		8	7
7		5		1		9		2
6	2		3				5	
			4			3		
2	5						6	4
			6	5				

PREMIUM

225

5		4		7				
					4		6	
	3			5			4	9
3	8				6			7
		1		2		8		
4			7				5	1
7	1			9			3	
	5		3					
				6		1		5

226

1		7						
						4		
3	6	9	7			5	8	
7		6	5					
	3		1		4		9	
					3	2		5
	7	4			8	3	2	6
		3						
						9		7

PREMIUM

227

3		1				6		
					9	8		2
		7		1		9		
5			2	6				7
			4		3			
4				9	7			6
		6		2		5		
2		8	5					
		5				1		4

228

9	3						2	
4		1	9					
	7		3		1	9		
		6		4	2		5	
				9				
	2		7	8		4		
		8	2		7		9	
					4	3		2
	6						1	4

PREMIUM

229

8	6	4			1	3		
		7						
	9			2	7	6		4
			1		9			5
				6				
1			7		4			
9		3	8	1			5	
						9		
		6	5			7	1	3

230

6	1	2			5			
	7							
		9	7			1	4	
5		3			9			8
			5	7	6			
1			4			6		9
	3	1			2	8		
							2	
			1			7	3	5

PREMIUM

231

8		6						1
1	7				9			
	9	3						5
2				4	6			
	1		2	3	8		5	
			9	1				2
3						1	7	
			4				6	8
7						2		9

Mensa **Sudoku**

232

		1	5	8				7
			9				3	4
				4				5
		7	4					3
4				1				9
5					6	7		
9				5				
1	5				2			
2				6	9	3		

PREMIUM

233

	9			1				7
				5			8	6
	6			8	2	9		4
						4	6	
			7		5			
	2	1						
3		7	1	6			5	
8	1			2				
6				7			4	

Mensa **Sudoku**

234

1	7		9	4				
								3
9	6		2		7			
					9			7
5	9			1			8	2
2			3					
			7		2		4	6
8								
				3	4		9	1

PREMIUM

235

	1	5	6			9	7	
		4	9			5	6	
	6				1			
1			3		2			
				7				
			4		6			9
			7				8	
	3	8			4	6		
	5	7			8	1	3	

236

	2				1			
			7	2				
1		5		4		8		6
	5			9			3	
		9	4		8	7		
	8			5			4	
6		2		8		3		5
				3	6			
			1				6	

PREMIUM

237

		2	6		5			
			8					3
1	4						5	
		8			6		9	4
9			7		4			6
7	6		5			2		
	3						6	2
5					7			
			3		2	4		

238

		6					7	1
				9	7		5	
	2	3	4	1				
	4	5			1			
				8				
			2			7	6	
				7	2	1	8	
	8		1	4				
5	9					2		

PREMIUM

239

	4	7			3			
3		5	7					4
	2			6				
	9	6		3			5	7
4	1			8		6	2	
				7			1	
2					1	8		5
			3			4	6	

Mensa **Sudoku**

240

		9						
			6		5		4	7
		8	4					5
	3			7			6	
2	6		1		8		9	4
	9			2			3	
5					3	1		
1	2		7		9			
						4		

PREMIUM

241

			4		8			
		7		3	9	6	4	8
3								7
4			8			2		9
				5				
9		3			2			6
1								5
8	3	4	5	1		7		
			2		7			

Mensa **Sudoku**

242

	1						9	3
6					9		8	
4			7	8				
				5	8	2		
	5		1	2	6		4	
		6	9	4				
				9	3			1
	3		8					6
8	7						3	

PREMIUM

243

		1		2		3		4
			5		7			6
			1	3		5		9
								5
2	8						1	3
3								
7		6		9	2			
8			4		5			
1		3		8		4		

Mensa **Sudoku**

244

	5	6	4	3				
3	2		9					
	9				8	5		
			6			3		
	4	1		8		2	7	
		9			2			
		2	7				3	
					4		8	6
				1	5	4	9	

PREMIUM

245

	2		9					1
				7			6	3
			6			4	5	
		6		9				
	4	8	2		6	1	3	
				1		7		
	7	3			5			
2	5			3				
1					7		8	

Mensa **Sudoku**

246

	9			6			1	
	5					9		
8					7	6	3	
		5	3	4		2		
			7		5			
		2		8	9	7		
	2	4	1					9
		3					6	
	7			3			8	

PREMIUM

247

				3				
	8		4		7		5	3
2					8		7	
7		3				9		
1			5		6			2
		2				5		8
	9		7					6
4	1		8		2		9	
				4				

248

7		5	6		3			
	1			8	5		7	
3						8	9	
			3					7
			2	7	1			
5					4			
	3	2						9
	4		1	2			6	
			8		7	1		4

PREMIUM

249

9		5	3		2			
				1		7		
	7						1	5
	2	6		9				
1			2	4	3			9
				6		2	3	
4	9						5	
		8		3				
			4		8	6		1

Mensa **Sudoku**

250

5				4			8	7
	2	7			5			
2	1		4		8	3		
9	5			7			6	1
		3	1		9		5	4
			3			4	1	
7	8			2				3

PREMIUM

251

	4					2		8
		8		1	2			
					5	3		
	1	5			4	7		
		6		7		4		
		9	3			8	1	
		3	6					
			7	8		5		
1		7					9	

252

		1			7	9		
7	8					2	1	
		4			8			
3	6			7				
	7	2		3		8	6	
				5			2	3
			7			6		
	4	7					3	9
		8	4			5		

PREMIUM

253

6		9	5	2				
		7			4	2		8
			6					
1		5					3	
4	6						1	2
	8					5		7
					2			
2		4	9			3		
				5	3	6		9

Mensa **Sudoku**

254

			3	8				
	8	2	1					
		9			6		8	2
4	2				9			6
	1			7			3	
8			5				1	4
2	5		9			6		
					1	3	7	
				6	5			

PREMIUM

255

4				1				
	7		6	2			3	
						1	9	
	5	7						8
		6	4	9	7	5		
9						3	6	
	8	2						
	4			5	1		7	
				6				1

256

	7					9		
	5		9	6				
1	2			4	5			3
					6			9
9			3		7			1
2			1					
5			4	1			9	8
				8	9		5	
		6					4	

PREMIUM

257

3								
2		5	9			4	7	
	9			5	7			
					3	5	1	
	3	1		9		8	4	
	2	6	1					
			3	7			5	
	1	8			2	6		9
								4

Mensa **Sudoku**

258

					2	4		
	2		6					
8				5	4	7	1	
	7	6			3	5		
		2		8		6		
		1	9			2	7	
	1	5	4	2				8
					8		5	
		8	7					

PREMIUM

259

						4	9	
			2	4		3		5
8		1				2		
	7		1		5	8		2
				3				
1		5	8		2		7	
		8				6		3
7		6		2	9			
	1	2						

260

4	7							
2		6			3	9		
9					4		5	
1			8				3	
	3		7		1		9	
	5				6			1
	2		5					8
		7	3			1		9
							6	7

PREMIUM

261

	7			3		1	8	4
2					1			
	8							9
1		4	9					
3				5				1
					3	9		6
8							5	
			3					7
7	1	3		8			9	

Mensa **Sudoku**

262

		3			5	8		2
			3				5	
1	5	4						3
		6			8			4
			1		4			
4			7			6		
5						7	8	6
	4				7			
6		9	5			4		

PREMIUM

263

1	4	5			7			
			2					4
			8	3		1		5
							2	7
		2	4		5	8		
8	1							
6		7		2	9			
4					8			
			7			2	9	3

264

3	4		7		2		1	
5		7		1				
		9				7		
9					1			8
	8						6	
7			3					9
		4				2		
				5		9		3
	9		2		8		7	5

PREMIUM

265

1		7					5	6
		6			5			
		9	1	3				
			3		9		8	
	7	5		8		4	9	
	3		6		7			
				6	8	2		
			4			9		
2	8					1		5

266

	1	3		8		7		
6						8	3	
			2	3	4		1	
	4		3					
			7	4	2			
					6		7	
	8		4	9	5			
	5	4						6
		2		6		3	4	

PREMIUM

267

1		8					6	2
		4			6		7	
			7		5			
	8	7	6					9
				7				
2					8	1	4	
			9		2			
	6		5			3		
7	9					8		4

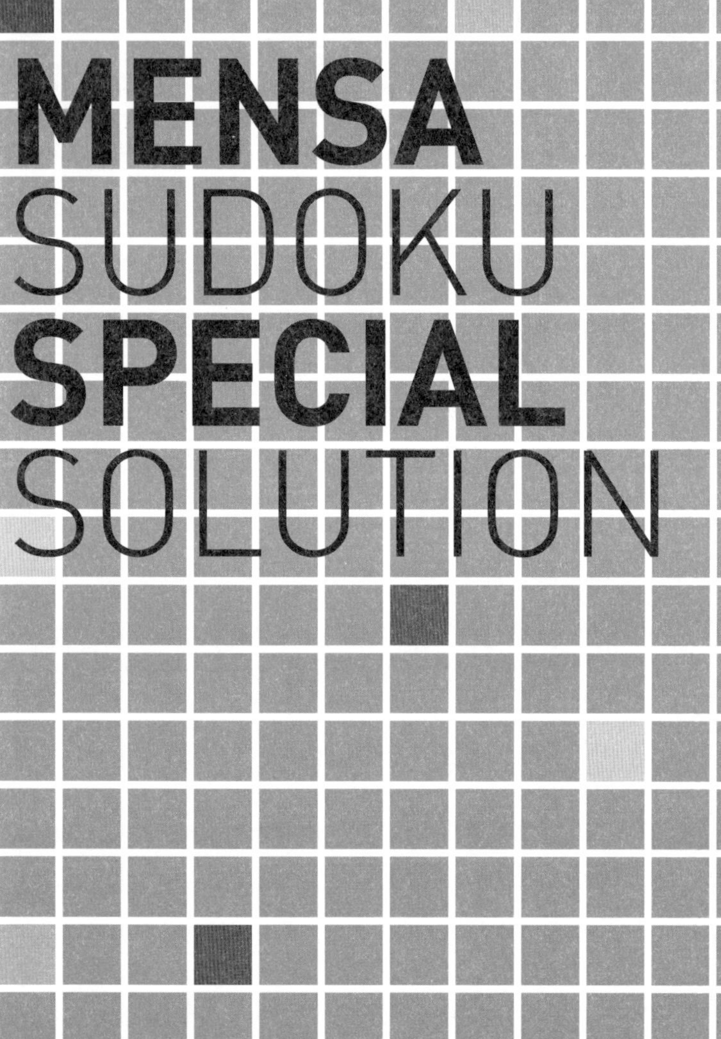
MENSA
SUDOKU
SPECIAL
SOLUTION

001

2	5	9	8	1	7	3	6	4
7	1	8	4	6	3	9	2	5
3	6	4	2	9	5	7	8	1
5	4	7	1	2	8	6	3	9
6	2	3	5	7	9	1	4	8
9	8	1	3	4	6	5	7	2
8	3	2	6	5	1	4	9	7
1	7	6	9	8	4	2	5	3
4	9	5	7	3	2	8	1	6

002

7	6	4	2	3	5	9	1	8
2	5	9	6	8	1	7	4	3
3	8	1	9	7	4	5	2	6
9	1	2	3	5	7	6	8	4
8	3	6	4	2	9	1	5	7
4	7	5	8	1	6	3	9	2
1	4	7	5	6	2	8	3	9
6	9	8	1	4	3	2	7	5
5	2	3	7	9	8	4	6	1

003

8	9	5	7	4	2	3	6	1
4	2	6	3	8	1	7	9	5
7	1	3	5	6	9	4	8	2
5	7	8	4	9	6	2	1	3
1	4	9	2	5	3	6	7	8
6	3	2	8	1	7	5	4	9
2	6	7	1	3	8	9	5	4
9	5	1	6	2	4	8	3	7
3	8	4	9	7	5	1	2	6

004

4	3	8	7	2	6	9	5	1
9	2	6	1	4	5	7	3	8
1	7	5	3	9	8	4	6	2
3	5	4	2	1	9	8	7	6
7	9	2	6	8	3	5	1	4
8	6	1	5	7	4	2	9	3
6	8	7	9	3	2	1	4	5
2	1	3	4	5	7	6	8	9
5	4	9	8	6	1	3	2	7

005

6	9	7	5	4	2	3	1	8
1	5	8	6	3	9	4	2	7
4	2	3	8	7	1	5	9	6
9	4	2	1	8	3	7	6	5
8	7	6	9	2	5	1	4	3
5	3	1	4	6	7	9	8	2
7	6	4	3	1	8	2	5	9
2	1	9	7	5	6	8	3	4
3	8	5	2	9	4	6	7	1

006

8	5	3	7	4	6	9	1	2
9	4	1	3	8	2	6	7	5
7	6	2	5	1	9	3	4	8
2	3	7	1	5	8	4	6	9
1	9	4	2	6	7	5	8	3
5	8	6	9	3	4	1	2	7
3	2	8	6	9	1	7	5	4
6	7	5	4	2	3	8	9	1
4	1	9	8	7	5	2	3	6

007

5	8	7	6	2	1	4	9	3
3	1	6	9	4	8	5	2	7
4	9	2	5	3	7	8	1	6
1	4	8	3	7	6	9	5	2
9	7	3	1	5	2	6	4	8
6	2	5	8	9	4	3	7	1
8	5	1	7	6	9	2	3	4
7	3	4	2	8	5	1	6	9
2	6	9	4	1	3	7	8	5

008

4	6	1	5	7	2	3	9	8
2	9	8	6	4	3	5	7	1
5	3	7	9	1	8	2	6	4
3	1	5	7	8	9	4	2	6
7	2	6	4	3	5	8	1	9
8	4	9	1	2	6	7	5	3
9	8	3	2	5	1	6	4	7
1	5	4	8	6	7	9	3	2
6	7	2	3	9	4	1	8	5

009

6	4	5	9	7	1	3	2	8
1	2	9	3	8	5	4	7	6
3	7	8	6	2	4	9	1	5
4	5	7	2	6	8	1	3	9
9	1	6	7	5	3	2	8	4
8	3	2	1	4	9	6	5	7
5	6	4	8	3	2	7	9	1
7	9	3	5	1	6	8	4	2
2	8	1	4	9	7	5	6	3

010

8	3	7	4	5	1	9	2	6
5	4	1	6	2	9	3	7	8
9	2	6	8	7	3	1	5	4
3	1	9	7	6	5	4	8	2
2	8	5	9	3	4	6	1	7
6	7	4	1	8	2	5	9	3
1	9	8	3	4	7	2	6	5
4	6	2	5	1	8	7	3	9
7	5	3	2	9	6	8	4	1

011

3	2	7	5	4	8	9	6	1
9	4	6	1	3	2	8	7	5
8	5	1	9	7	6	2	3	4
4	9	8	6	5	7	3	1	2
6	1	2	4	8	3	7	5	9
7	3	5	2	1	9	4	8	6
1	7	9	3	2	5	6	4	8
2	8	4	7	6	1	5	9	3
5	6	3	8	9	4	1	2	7

012

6	2	9	1	5	7	4	8	3
8	3	1	4	6	2	9	5	7
7	4	5	9	3	8	6	2	1
5	7	3	6	2	1	8	9	4
4	6	8	7	9	3	2	1	5
9	1	2	5	8	4	3	7	6
1	9	4	8	7	6	5	3	2
2	8	7	3	4	5	1	6	9
3	5	6	2	1	9	7	4	8

013

2	8	7	9	5	1	4	3	6
6	3	4	7	8	2	5	9	1
1	9	5	3	4	6	8	7	2
5	7	8	1	2	4	3	6	9
9	4	1	8	6	3	7	2	5
3	2	6	5	7	9	1	4	8
8	6	2	4	3	5	9	1	7
7	1	3	2	9	8	6	5	4
4	5	9	6	1	7	2	8	3

014

8	9	4	2	1	6	7	3	5
7	1	5	8	3	9	6	4	2
3	2	6	5	4	7	8	1	9
5	3	8	7	6	2	1	9	4
2	6	1	9	8	4	5	7	3
4	7	9	1	5	3	2	8	6
9	8	3	6	2	1	4	5	7
1	4	2	3	7	5	9	6	8
6	5	7	4	9	8	3	2	1

015

1	9	6	3	7	2	8	5	4
4	7	5	9	8	1	6	3	2
8	3	2	5	6	4	7	9	1
9	5	7	1	3	8	2	4	6
3	4	1	2	9	6	5	8	7
2	6	8	7	4	5	9	1	3
6	1	4	8	5	7	3	2	9
7	8	9	4	2	3	1	6	5
5	2	3	6	1	9	4	7	8

016

4	9	3	8	5	7	6	2	1
7	2	1	4	6	3	8	5	9
6	8	5	9	1	2	4	7	3
8	5	6	1	4	9	7	3	2
9	3	7	6	2	8	1	4	5
1	4	2	3	7	5	9	8	6
2	1	4	7	3	6	5	9	8
3	7	9	5	8	1	2	6	4
5	6	8	2	9	4	3	1	7

017

5	1	8	2	9	6	7	3	4
3	9	7	8	4	1	2	6	5
6	4	2	5	7	3	1	9	8
1	5	6	4	2	7	3	8	9
4	7	9	3	6	8	5	1	2
8	2	3	9	1	5	6	4	7
7	8	4	1	3	2	9	5	6
2	3	5	6	8	9	4	7	1
9	6	1	7	5	4	8	2	3

018

4	5	7	6	2	1	3	9	8
2	1	6	3	8	9	5	4	7
9	3	8	4	7	5	2	1	6
7	2	3	9	6	4	8	5	1
6	8	5	1	3	2	4	7	9
1	9	4	7	5	8	6	3	2
5	6	1	2	4	7	9	8	3
8	7	2	5	9	3	1	6	4
3	4	9	8	1	6	7	2	5

019

9	5	3	8	2	4	7	1	6
1	8	2	6	7	3	4	9	5
7	4	6	5	1	9	8	3	2
2	1	9	3	6	8	5	7	4
6	3	5	7	4	1	9	2	8
8	7	4	2	9	5	3	6	1
5	6	1	4	3	7	2	8	9
3	9	8	1	5	2	6	4	7
4	2	7	9	8	6	1	5	3

020

4	8	2	3	1	5	9	6	7
3	9	6	4	2	7	5	8	1
1	5	7	8	6	9	3	2	4
8	1	4	6	3	2	7	5	9
7	6	5	9	4	8	2	1	3
2	3	9	5	7	1	8	4	6
9	7	1	2	8	6	4	3	5
6	2	3	7	5	4	1	9	8
5	4	8	1	9	3	6	7	2

021

8	6	4	7	1	2	5	3	9
5	9	7	3	4	8	2	1	6
1	3	2	6	9	5	7	4	8
2	8	9	4	7	3	6	5	1
6	4	3	5	2	1	8	9	7
7	5	1	8	6	9	3	2	4
3	2	6	9	8	4	1	7	5
9	1	8	2	5	7	4	6	3
4	7	5	1	3	6	9	8	2

022

8	9	4	5	6	3	7	2	1
3	5	2	9	7	1	8	4	6
7	1	6	2	8	4	9	5	3
2	3	7	6	5	9	4	1	8
9	4	1	8	3	2	6	7	5
5	6	8	4	1	7	3	9	2
4	7	5	3	2	6	1	8	9
6	2	9	1	4	8	5	3	7
1	8	3	7	9	5	2	6	4

023

5	2	7	6	4	8	9	3	1
8	1	6	9	3	5	4	7	2
9	3	4	1	7	2	5	8	6
3	5	1	4	2	7	6	9	8
6	4	2	8	5	9	3	1	7
7	9	8	3	1	6	2	4	5
4	8	3	5	6	1	7	2	9
1	7	5	2	9	3	8	6	4
2	6	9	7	8	4	1	5	3

024

1	3	9	4	5	8	2	6	7
4	8	2	7	9	6	5	1	3
7	6	5	3	1	2	8	9	4
8	9	1	5	6	4	7	3	2
2	7	4	9	8	3	1	5	6
6	5	3	1	2	7	4	8	9
3	1	8	2	7	9	6	4	5
5	4	7	6	3	1	9	2	8
9	2	6	8	4	5	3	7	1

025

4	8	2	5	3	7	1	6	9
6	5	7	9	1	2	8	4	3
9	3	1	8	6	4	7	2	5
7	4	3	6	2	1	9	5	8
5	2	8	3	7	9	6	1	4
1	6	9	4	5	8	3	7	2
3	9	5	1	4	6	2	8	7
8	7	6	2	9	5	4	3	1
2	1	4	7	8	3	5	9	6

026

2	8	6	1	5	7	3	9	4
3	9	4	6	8	2	7	1	5
5	1	7	3	4	9	2	8	6
6	5	1	4	7	3	9	2	8
4	2	9	8	1	5	6	3	7
8	7	3	2	9	6	4	5	1
7	3	5	9	6	8	1	4	2
1	6	2	5	3	4	8	7	9
9	4	8	7	2	1	5	6	3

027

9	3	6	2	8	5	7	4	1
4	2	8	7	1	6	9	3	5
7	1	5	3	4	9	6	8	2
3	4	9	5	7	8	1	2	6
2	8	7	1	6	3	4	5	9
6	5	1	9	2	4	8	7	3
1	7	3	4	9	2	5	6	8
5	6	4	8	3	1	2	9	7
8	9	2	6	5	7	3	1	4

028

7	6	1	9	4	5	8	2	3
9	5	4	3	2	8	7	6	1
3	8	2	1	6	7	4	9	5
8	3	5	7	9	2	6	1	4
2	7	6	4	1	3	9	5	8
4	1	9	5	8	6	3	7	2
6	9	3	8	5	1	2	4	7
1	4	7	2	3	9	5	8	6
5	2	8	6	7	4	1	3	9

029

5	6	9	2	1	7	4	8	3
8	1	2	3	5	4	9	7	6
3	7	4	9	6	8	5	1	2
6	8	5	4	7	2	1	3	9
9	2	7	1	3	6	8	4	5
4	3	1	5	8	9	6	2	7
1	5	8	6	2	3	7	9	4
2	4	6	7	9	1	3	5	8
7	9	3	8	4	5	2	6	1

030

2	7	1	5	3	9	4	8	6
6	5	9	8	4	7	3	2	1
4	3	8	6	2	1	7	5	9
1	2	6	4	7	8	5	9	3
9	4	5	1	6	3	2	7	8
7	8	3	9	5	2	1	6	4
8	1	2	3	9	5	6	4	7
5	9	4	7	1	6	8	3	2
3	6	7	2	8	4	9	1	5

031

7	3	1	2	4	6	9	8	5
2	6	5	9	7	8	1	4	3
4	8	9	1	3	5	2	7	6
1	4	8	5	2	3	6	9	7
5	7	3	4	6	9	8	2	1
9	2	6	8	1	7	3	5	4
8	5	7	3	9	1	4	6	2
6	1	2	7	8	4	5	3	9
3	9	4	6	5	2	7	1	8

032

8	6	4	5	3	7	2	9	1
2	9	5	6	1	4	3	8	7
3	1	7	2	9	8	4	6	5
1	7	9	8	2	5	6	3	4
5	4	2	9	6	3	1	7	8
6	3	8	4	7	1	9	5	2
7	8	1	3	4	6	5	2	9
4	2	6	7	5	9	8	1	3
9	5	3	1	8	2	7	4	6

033

4	5	7	9	2	6	8	3	1
6	3	9	8	1	7	5	4	2
8	2	1	5	4	3	9	7	6
9	6	8	7	3	2	4	1	5
5	1	3	6	9	4	2	8	7
7	4	2	1	8	5	6	9	3
2	8	5	3	7	9	1	6	4
1	7	4	2	6	8	3	5	9
3	9	6	4	5	1	7	2	8

034

4	2	3	7	8	9	1	5	6
1	7	6	2	3	5	9	8	4
8	9	5	4	6	1	2	3	7
6	1	2	8	5	4	3	7	9
7	5	4	1	9	3	6	2	8
9	3	8	6	7	2	4	1	5
5	6	9	3	2	7	8	4	1
3	8	1	5	4	6	7	9	2
2	4	7	9	1	8	5	6	3

035

3	5	9	8	2	6	7	4	1
7	8	2	4	3	1	9	5	6
4	6	1	5	9	7	8	2	3
6	4	8	3	1	5	2	7	9
5	1	7	2	8	9	6	3	4
2	9	3	6	7	4	1	8	5
8	3	5	9	6	2	4	1	7
9	7	4	1	5	8	3	6	2
1	2	6	7	4	3	5	9	8

036

3	4	1	5	2	6	7	8	9
5	2	8	9	3	7	6	1	4
6	9	7	8	1	4	3	5	2
7	1	6	4	5	8	9	2	3
8	3	4	2	9	1	5	6	7
9	5	2	7	6	3	8	4	1
4	8	5	1	7	9	2	3	6
1	6	9	3	8	2	4	7	5
2	7	3	6	4	5	1	9	8

037

9	4	8	7	2	1	6	3	5
6	1	5	9	8	3	4	2	7
2	7	3	4	6	5	9	1	8
5	8	9	3	7	2	1	4	6
7	2	4	1	9	6	8	5	3
1	3	6	8	5	4	7	9	2
3	5	7	6	1	9	2	8	4
8	9	2	5	4	7	3	6	1
4	6	1	2	3	8	5	7	9

038

7	1	5	2	8	9	3	6	4
4	6	3	5	1	7	8	9	2
8	9	2	4	3	6	5	7	1
6	3	4	9	7	8	2	1	5
5	8	7	1	6	2	9	4	3
1	2	9	3	4	5	7	8	6
3	7	8	6	2	4	1	5	9
9	4	1	7	5	3	6	2	8
2	5	6	8	9	1	4	3	7

039

5	8	7	3	1	6	9	2	4
3	9	2	7	5	4	6	8	1
1	6	4	2	9	8	7	3	5
2	1	5	4	8	9	3	6	7
9	3	6	5	2	7	1	4	8
4	7	8	6	3	1	5	9	2
7	2	9	8	6	5	4	1	3
8	4	1	9	7	3	2	5	6
6	5	3	1	4	2	8	7	9

040

6	3	7	4	1	2	8	9	5
1	4	8	5	9	3	2	6	7
2	9	5	6	8	7	3	1	4
8	5	1	7	2	6	4	3	9
9	7	6	1	3	4	5	8	2
4	2	3	8	5	9	1	7	6
3	1	4	9	7	5	6	2	8
5	8	9	2	6	1	7	4	3
7	6	2	3	4	8	9	5	1

041

7	2	3	4	1	8	9	6	5
4	9	8	5	3	6	7	1	2
6	5	1	9	2	7	3	4	8
5	8	4	7	9	1	6	2	3
2	3	7	8	6	4	1	5	9
1	6	9	3	5	2	4	8	7
3	1	5	2	4	9	8	7	6
8	4	2	6	7	3	5	9	1
9	7	6	1	8	5	2	3	4

042

2	9	6	4	1	8	7	5	3
5	3	7	6	9	2	1	8	4
1	8	4	5	3	7	2	6	9
7	6	3	9	4	5	8	1	2
4	5	2	1	8	6	9	3	7
8	1	9	7	2	3	6	4	5
9	7	1	8	5	4	3	2	6
3	4	8	2	6	9	5	7	1
6	2	5	3	7	1	4	9	8

043

1	9	4	5	6	7	2	8	3
5	3	6	2	8	4	7	9	1
2	7	8	9	3	1	5	6	4
7	6	1	4	2	9	3	5	8
3	8	2	7	5	6	1	4	9
9	4	5	3	1	8	6	7	2
4	1	3	6	9	5	8	2	7
6	2	7	8	4	3	9	1	5
8	5	9	1	7	2	4	3	6

044

6	9	4	8	1	2	5	3	7
2	8	1	7	5	3	4	9	6
5	3	7	9	6	4	2	1	8
3	1	2	4	8	7	9	6	5
4	6	5	2	9	1	8	7	3
9	7	8	5	3	6	1	4	2
8	5	6	3	4	9	7	2	1
7	4	3	1	2	5	6	8	9
1	2	9	6	7	8	3	5	4

045

2	8	1	3	6	5	7	4	9
9	5	6	1	4	7	3	2	8
7	3	4	8	9	2	6	1	5
1	4	7	5	2	8	9	6	3
5	2	9	7	3	6	4	8	1
3	6	8	4	1	9	2	5	7
6	1	5	2	7	3	8	9	4
4	7	2	9	8	1	5	3	6
8	9	3	6	5	4	1	7	2

046

1	9	5	4	7	3	8	6	2
7	6	8	2	9	5	4	3	1
2	4	3	1	8	6	5	7	9
6	8	2	3	5	7	1	9	4
4	3	9	6	2	1	7	8	5
5	1	7	8	4	9	6	2	3
8	7	4	5	3	2	9	1	6
9	2	6	7	1	4	3	5	8
3	5	1	9	6	8	2	4	7

047

5	4	1	9	6	7	2	8	3
9	7	6	2	3	8	1	4	5
3	2	8	4	1	5	6	9	7
8	3	7	1	5	4	9	6	2
1	6	9	7	2	3	4	5	8
4	5	2	8	9	6	7	3	1
2	9	4	5	8	1	3	7	6
6	1	5	3	7	9	8	2	4
7	8	3	6	4	2	5	1	9

048

6	3	4	5	7	9	8	1	2
7	2	8	6	3	1	4	5	9
5	1	9	4	2	8	6	7	3
2	6	3	1	9	4	7	8	5
9	4	5	8	6	7	3	2	1
8	7	1	2	5	3	9	6	4
4	5	2	3	8	6	1	9	7
1	8	7	9	4	5	2	3	6
3	9	6	7	1	2	5	4	8

049

9	6	2	8	7	1	3	5	4
3	5	8	2	9	4	7	1	6
4	7	1	6	5	3	9	8	2
5	2	3	7	6	8	4	9	1
8	1	6	4	3	9	5	2	7
7	9	4	5	1	2	6	3	8
6	3	7	1	8	5	2	4	9
2	8	9	3	4	7	1	6	5
1	4	5	9	2	6	8	7	3

050

4	3	9	1	6	5	2	8	7
6	7	1	9	8	2	4	3	5
5	8	2	3	7	4	1	6	9
1	2	5	7	9	6	8	4	3
8	6	4	2	5	3	9	7	1
7	9	3	8	4	1	5	2	6
2	5	8	6	3	9	7	1	4
9	1	6	4	2	7	3	5	8
3	4	7	5	1	8	6	9	2

051

9	6	3	8	7	2	1	4	5
1	4	5	3	9	6	7	8	2
8	2	7	5	4	1	3	9	6
2	8	1	6	3	5	9	7	4
6	7	9	4	1	8	2	5	3
3	5	4	9	2	7	8	6	1
5	3	6	1	8	9	4	2	7
4	9	2	7	5	3	6	1	8
7	1	8	2	6	4	5	3	9

052

9	4	1	5	6	3	7	2	8
5	6	2	7	1	8	9	4	3
8	3	7	9	2	4	1	6	5
2	5	8	6	3	9	4	1	7
1	7	3	2	4	5	8	9	6
4	9	6	1	8	7	5	3	2
3	1	5	4	7	2	6	8	9
7	8	4	3	9	6	2	5	1
6	2	9	8	5	1	3	7	4

053

8	9	2	7	4	6	1	5	3
7	4	1	5	3	8	2	9	6
6	3	5	9	2	1	4	7	8
4	6	7	3	8	5	9	2	1
9	2	8	1	7	4	3	6	5
1	5	3	6	9	2	7	8	4
2	1	9	8	5	3	6	4	7
5	7	6	4	1	9	8	3	2
3	8	4	2	6	7	5	1	9

054

1	3	2	5	9	6	4	7	8
6	9	5	8	4	7	1	2	3
4	7	8	1	3	2	9	6	5
7	5	1	4	2	9	8	3	6
8	6	9	3	7	5	2	1	4
2	4	3	6	8	1	5	9	7
9	8	7	2	6	4	3	5	1
3	1	6	9	5	8	7	4	2
5	2	4	7	1	3	6	8	9

055

8	2	6	1	9	3	5	4	7
4	1	3	5	7	8	9	2	6
9	7	5	6	4	2	8	1	3
5	4	1	7	2	6	3	9	8
3	8	2	4	5	9	6	7	1
7	6	9	8	3	1	4	5	2
6	5	8	2	1	4	7	3	9
2	3	7	9	6	5	1	8	4
1	9	4	3	8	7	2	6	5

056

6	1	2	5	9	3	7	8	4
7	9	4	2	1	8	3	6	5
3	8	5	6	7	4	9	1	2
2	6	7	3	8	1	5	4	9
4	3	9	7	6	5	1	2	8
8	5	1	4	2	9	6	7	3
1	4	8	9	3	6	2	5	7
5	2	3	1	4	7	8	9	6
9	7	6	8	5	2	4	3	1

057

5	8	9	3	6	2	1	7	4
6	3	2	7	1	4	5	9	8
7	1	4	9	5	8	2	3	6
1	6	7	4	2	9	8	5	3
3	4	8	1	7	5	6	2	9
2	9	5	6	8	3	7	4	1
8	2	3	5	4	1	9	6	7
4	5	6	8	9	7	3	1	2
9	7	1	2	3	6	4	8	5

058

5	3	2	6	7	8	9	1	4
6	9	7	1	4	5	8	3	2
8	1	4	9	2	3	5	6	7
9	5	8	2	6	7	3	4	1
1	2	6	3	9	4	7	8	5
7	4	3	5	8	1	6	2	9
3	7	9	4	1	6	2	5	8
2	6	1	8	5	9	4	7	3
4	8	5	7	3	2	1	9	6

059

4	7	6	5	1	2	8	9	3
3	5	9	4	8	6	7	1	2
2	1	8	9	7	3	4	6	5
5	6	1	7	3	9	2	8	4
7	3	2	8	4	1	9	5	6
9	8	4	2	6	5	3	7	1
6	9	3	1	2	7	5	4	8
8	2	5	6	9	4	1	3	7
1	4	7	3	5	8	6	2	9

060

4	5	2	7	3	6	9	1	8
1	8	9	5	2	4	3	6	7
3	6	7	1	9	8	5	4	2
7	1	4	8	5	9	2	3	6
6	2	5	4	7	3	1	8	9
9	3	8	2	6	1	7	5	4
2	4	3	6	1	7	8	9	5
5	9	6	3	8	2	4	7	1
8	7	1	9	4	5	6	2	3

061

9	2	7	8	1	5	6	3	4
1	3	8	4	6	2	9	5	7
5	6	4	7	9	3	1	2	8
7	4	9	6	5	8	2	1	3
2	1	6	3	4	7	8	9	5
3	8	5	1	2	9	7	4	6
4	7	2	5	8	1	3	6	9
8	5	1	9	3	6	4	7	2
6	9	3	2	7	4	5	8	1

062

6	4	9	1	5	7	2	8	3
5	7	1	8	2	3	4	6	9
2	8	3	6	9	4	5	7	1
8	2	6	4	3	1	7	9	5
9	1	7	2	6	5	8	3	4
4	3	5	7	8	9	6	1	2
3	6	4	9	7	2	1	5	8
7	5	2	3	1	8	9	4	6
1	9	8	5	4	6	3	2	7

063

4	9	7	3	1	5	6	2	8
3	2	6	4	9	8	7	1	5
1	8	5	7	6	2	4	3	9
5	4	3	6	8	7	2	9	1
7	1	8	2	4	9	5	6	3
2	6	9	5	3	1	8	7	4
8	3	4	1	2	6	9	5	7
9	7	2	8	5	3	1	4	6
6	5	1	9	7	4	3	8	2

064

8	4	2	7	6	3	9	5	1
6	7	3	9	5	1	2	8	4
9	5	1	2	4	8	7	6	3
2	3	8	4	7	9	5	1	6
5	6	7	3	1	2	4	9	8
1	9	4	6	8	5	3	2	7
7	8	6	5	2	4	1	3	9
3	1	5	8	9	7	6	4	2
4	2	9	1	3	6	8	7	5

065

7	4	2	9	8	1	6	5	3
1	8	6	7	5	3	2	4	9
3	5	9	2	6	4	7	8	1
6	9	7	1	3	8	5	2	4
4	1	5	6	2	9	8	3	7
2	3	8	4	7	5	1	9	6
8	7	1	3	4	2	9	6	5
5	6	3	8	9	7	4	1	2
9	2	4	5	1	6	3	7	8

066

7	9	5	8	3	1	6	2	4
6	8	4	5	2	7	3	1	9
2	1	3	4	9	6	8	5	7
4	3	6	2	7	9	5	8	1
9	2	8	1	5	4	7	3	6
1	5	7	3	6	8	4	9	2
5	7	1	6	8	2	9	4	3
8	4	9	7	1	3	2	6	5
3	6	2	9	4	5	1	7	8

067

6	3	5	4	1	7	9	2	8
9	1	7	2	8	6	4	5	3
2	4	8	3	9	5	7	6	1
3	7	9	5	4	8	2	1	6
1	5	2	7	6	3	8	9	4
4	8	6	9	2	1	5	3	7
5	6	4	8	3	2	1	7	9
7	9	3	1	5	4	6	8	2
8	2	1	6	7	9	3	4	5

068

5	6	7	9	3	1	8	4	2
3	1	9	8	4	2	6	7	5
8	4	2	5	6	7	9	3	1
4	5	8	1	7	3	2	9	6
1	2	6	4	9	8	3	5	7
7	9	3	2	5	6	1	8	4
9	8	4	6	1	5	7	2	3
6	7	5	3	2	9	4	1	8
2	3	1	7	8	4	5	6	9

069

7	2	3	9	5	1	4	6	8
8	1	6	2	3	4	5	9	7
9	4	5	7	6	8	3	1	2
3	5	8	1	2	6	9	7	4
4	6	2	3	9	7	1	8	5
1	9	7	4	8	5	6	2	3
2	7	9	5	1	3	8	4	6
6	3	4	8	7	9	5	2	1
5	8	1	6	4	2	7	3	9

070

9	3	1	4	5	8	7	2	6
7	5	8	2	6	1	3	9	4
6	4	2	3	7	9	8	5	1
8	6	9	7	1	2	4	3	5
2	7	5	6	3	4	9	1	8
4	1	3	8	9	5	2	6	7
1	2	6	9	8	7	5	4	3
3	8	4	5	2	6	1	7	9
5	9	7	1	4	3	6	8	2

071

6	9	3	5	4	1	2	7	8
7	4	8	6	2	9	1	3	5
1	5	2	7	3	8	6	4	9
4	2	1	3	7	5	8	9	6
8	3	6	1	9	4	7	5	2
9	7	5	8	6	2	4	1	3
3	8	9	4	1	6	5	2	7
5	1	7	2	8	3	9	6	4
2	6	4	9	5	7	3	8	1

072

2	5	7	9	8	4	3	6	1
4	8	6	1	3	2	7	9	5
3	1	9	5	6	7	8	4	2
6	9	3	7	4	1	5	2	8
5	7	1	8	2	6	4	3	9
8	4	2	3	5	9	6	1	7
1	6	8	2	7	3	9	5	4
7	2	4	6	9	5	1	8	3
9	3	5	4	1	8	2	7	6

073

1	3	4	9	5	6	7	2	8
9	2	7	3	8	4	1	5	6
5	8	6	2	1	7	3	9	4
3	7	1	6	4	9	5	8	2
8	5	9	7	2	1	6	4	3
6	4	2	8	3	5	9	1	7
4	6	8	1	9	3	2	7	5
2	1	3	5	7	8	4	6	9
7	9	5	4	6	2	8	3	1

074

8	4	7	3	1	2	9	5	6
2	6	9	8	5	7	3	4	1
5	3	1	9	4	6	8	2	7
4	9	6	1	7	5	2	8	3
3	1	2	6	8	4	5	7	9
7	8	5	2	3	9	6	1	4
6	5	4	7	9	8	1	3	2
9	7	3	5	2	1	4	6	8
1	2	8	4	6	3	7	9	5

075

7	6	8	1	2	3	5	4	9
9	5	1	4	6	7	2	8	3
2	4	3	9	5	8	1	6	7
4	3	7	8	9	5	6	2	1
5	1	9	6	3	2	8	7	4
8	2	6	7	4	1	9	3	5
6	8	5	3	7	9	4	1	2
3	9	4	2	1	6	7	5	8
1	7	2	5	8	4	3	9	6

076

9	4	2	8	5	1	7	3	6
8	1	6	7	3	2	9	4	5
7	5	3	9	6	4	8	2	1
4	2	7	5	1	3	6	9	8
3	9	1	6	8	7	2	5	4
5	6	8	2	4	9	3	1	7
6	3	5	1	9	8	4	7	2
1	7	9	4	2	6	5	8	3
2	8	4	3	7	5	1	6	9

077

7	3	9	5	2	8	4	6	1
1	6	4	3	9	7	8	2	5
5	2	8	4	1	6	7	3	9
6	4	7	2	3	9	1	5	8
2	9	1	7	8	5	3	4	6
3	8	5	6	4	1	2	9	7
8	7	2	9	5	3	6	1	4
4	5	6	1	7	2	9	8	3
9	1	3	8	6	4	5	7	2

078

4	2	6	1	9	8	3	7	5
3	5	8	2	7	4	9	1	6
9	7	1	5	3	6	2	4	8
7	8	3	6	5	1	4	9	2
5	6	4	9	2	3	1	8	7
2	1	9	8	4	7	6	5	3
8	9	7	3	1	2	5	6	4
1	4	2	7	6	5	8	3	9
6	3	5	4	8	9	7	2	1

079

8	4	5	1	9	6	2	7	3
2	3	6	5	7	8	4	1	9
1	7	9	2	4	3	5	8	6
9	6	3	7	5	1	8	4	2
7	8	1	6	2	4	9	3	5
4	5	2	3	8	9	1	6	7
5	1	4	9	6	7	3	2	8
3	9	7	8	1	2	6	5	4
6	2	8	4	3	5	7	9	1

080

8	4	9	1	6	3	7	2	5
7	5	1	2	8	4	3	9	6
2	3	6	9	7	5	8	1	4
6	9	5	4	3	2	1	7	8
1	2	8	7	9	6	5	4	3
4	7	3	5	1	8	2	6	9
3	1	2	8	4	9	6	5	7
5	6	4	3	2	7	9	8	1
9	8	7	6	5	1	4	3	2

081

8	6	4	7	3	1	2	5	9
2	9	3	5	8	6	4	1	7
5	7	1	9	2	4	8	3	6
3	4	7	8	1	5	6	9	2
9	8	5	2	6	7	3	4	1
1	2	6	3	4	9	7	8	5
6	1	2	4	5	3	9	7	8
7	3	8	1	9	2	5	6	4
4	5	9	6	7	8	1	2	3

082

7	2	5	3	8	4	9	6	1
6	9	1	7	2	5	3	8	4
8	4	3	1	6	9	7	2	5
9	1	6	4	7	2	5	3	8
5	3	2	6	9	8	1	4	7
4	7	8	5	3	1	6	9	2
3	8	4	9	1	7	2	5	6
1	5	9	2	4	6	8	7	3
2	6	7	8	5	3	4	1	9

083

3	7	5	9	2	6	8	1	4
1	2	6	4	8	3	7	5	9
9	8	4	1	7	5	2	3	6
7	6	9	3	5	8	1	4	2
4	1	2	7	6	9	3	8	5
8	5	3	2	1	4	6	9	7
6	4	7	8	9	1	5	2	3
5	9	1	6	3	2	4	7	8
2	3	8	5	4	7	9	6	1

084

1	4	9	6	7	3	5	8	2
2	6	5	1	8	9	3	7	4
7	3	8	5	4	2	6	1	9
6	1	2	3	9	5	7	4	8
9	8	4	2	6	7	1	3	5
5	7	3	4	1	8	2	9	6
4	5	7	8	3	6	9	2	1
3	2	1	9	5	4	8	6	7
8	9	6	7	2	1	4	5	3

085

1	7	4	2	8	5	9	6	3
8	9	2	6	3	7	5	4	1
5	3	6	9	1	4	2	7	8
6	2	8	1	9	3	7	5	4
7	5	3	4	2	6	8	1	9
9	4	1	5	7	8	3	2	6
3	6	7	8	4	2	1	9	5
2	1	5	3	6	9	4	8	7
4	8	9	7	5	1	6	3	2

086

3	2	7	6	4	1	8	9	5
9	1	4	8	5	7	2	3	6
5	8	6	3	2	9	7	1	4
6	9	1	5	7	2	4	8	3
7	5	3	9	8	4	1	6	2
2	4	8	1	6	3	9	5	7
8	7	9	2	3	6	5	4	1
1	3	2	4	9	5	6	7	8
4	6	5	7	1	8	3	2	9

087

5	2	8	3	9	6	1	4	7
9	3	6	1	4	7	5	2	8
7	4	1	5	2	8	9	6	3
3	1	7	9	8	4	6	5	2
4	5	9	6	3	2	7	8	1
8	6	2	7	1	5	4	3	9
2	7	3	4	5	1	8	9	6
1	8	5	2	6	9	3	7	4
6	9	4	8	7	3	2	1	5

088

7	4	1	8	2	9	3	6	5
5	6	9	7	4	3	2	1	8
2	3	8	6	1	5	9	4	7
1	9	6	2	7	8	4	5	3
4	8	5	3	9	1	6	7	2
3	2	7	4	5	6	8	9	1
8	1	4	9	3	7	5	2	6
9	7	3	5	6	2	1	8	4
6	5	2	1	8	4	7	3	9

089

4	9	8	1	5	3	6	2	7
1	5	2	7	9	6	4	3	8
6	7	3	2	8	4	5	1	9
8	3	7	5	2	1	9	4	6
9	1	5	4	6	8	2	7	3
2	4	6	3	7	9	1	8	5
5	8	4	9	3	2	7	6	1
7	6	1	8	4	5	3	9	2
3	2	9	6	1	7	8	5	4

090

7	3	4	8	6	9	1	5	2
2	5	1	3	4	7	8	6	9
6	9	8	1	5	2	7	3	4
5	4	3	2	7	1	6	9	8
9	2	7	6	8	4	3	1	5
1	8	6	9	3	5	4	2	7
8	7	9	5	1	3	2	4	6
3	6	5	4	2	8	9	7	1
4	1	2	7	9	6	5	8	3

091

5	3	6	2	9	8	1	4	7
2	1	9	3	7	4	8	5	6
7	8	4	5	1	6	3	9	2
9	7	8	4	5	3	6	2	1
4	5	3	1	6	2	7	8	9
6	2	1	9	8	7	4	3	5
3	6	5	8	2	1	9	7	4
8	9	7	6	4	5	2	1	3
1	4	2	7	3	9	5	6	8

092

9	1	4	5	6	2	7	8	3
6	5	8	9	3	7	4	1	2
7	3	2	8	4	1	5	6	9
1	9	3	7	8	4	2	5	6
8	2	7	1	5	6	3	9	4
5	4	6	3	2	9	8	7	1
3	6	1	4	7	5	9	2	8
2	8	5	6	9	3	1	4	7
4	7	9	2	1	8	6	3	5

093

8	3	6	9	2	4	5	7	1
5	2	1	8	3	7	6	4	9
9	4	7	1	5	6	8	3	2
6	9	5	3	7	8	1	2	4
7	8	2	6	4	1	3	9	5
4	1	3	5	9	2	7	6	8
1	7	9	2	6	5	4	8	3
2	5	4	7	8	3	9	1	6
3	6	8	4	1	9	2	5	7

094

5	6	2	3	7	1	9	4	8
8	4	7	2	6	9	5	3	1
9	3	1	5	8	4	2	7	6
7	2	6	1	4	5	8	9	3
4	9	3	6	2	8	1	5	7
1	8	5	7	9	3	6	2	4
6	1	4	9	5	7	3	8	2
3	7	9	8	1	2	4	6	5
2	5	8	4	3	6	7	1	9

095

5	9	3	4	7	8	2	6	1
4	8	6	2	1	5	7	9	3
2	1	7	9	6	3	8	5	4
1	2	9	6	3	4	5	8	7
8	3	5	7	2	9	1	4	6
7	6	4	8	5	1	9	3	2
6	5	8	1	4	7	3	2	9
9	4	1	3	8	2	6	7	5
3	7	2	5	9	6	4	1	8

096

9	3	4	7	2	5	6	8	1
7	1	5	9	8	6	3	4	2
2	6	8	4	3	1	5	7	9
4	2	9	1	5	3	7	6	8
6	5	1	8	9	7	2	3	4
8	7	3	2	6	4	9	1	5
1	9	2	3	7	8	4	5	6
3	8	6	5	4	9	1	2	7
5	4	7	6	1	2	8	9	3

097

2	1	7	8	5	9	4	3	6
4	5	6	3	7	1	8	9	2
3	8	9	6	4	2	5	1	7
5	7	4	2	9	8	3	6	1
8	6	3	7	1	4	9	2	5
9	2	1	5	6	3	7	8	4
1	4	2	9	8	7	6	5	3
6	3	8	4	2	5	1	7	9
7	9	5	1	3	6	2	4	8

098

3	9	4	7	8	6	2	1	5
7	6	8	2	5	1	3	9	4
5	1	2	9	3	4	8	6	7
9	2	5	6	1	3	7	4	8
6	8	3	4	7	9	5	2	1
1	4	7	8	2	5	6	3	9
4	5	6	3	9	8	1	7	2
8	7	9	1	6	2	4	5	3
2	3	1	5	4	7	9	8	6

099

5	6	8	2	1	3	9	4	7
7	3	2	8	9	4	5	6	1
4	1	9	5	7	6	3	2	8
2	4	5	3	6	8	1	7	9
1	7	6	9	2	5	4	8	3
8	9	3	7	4	1	6	5	2
9	5	1	4	8	7	2	3	6
6	8	4	1	3	2	7	9	5
3	2	7	6	5	9	8	1	4

100

6	1	7	8	3	2	5	9	4
3	5	9	7	4	6	8	1	2
2	4	8	9	1	5	6	7	3
9	3	6	5	2	4	1	8	7
4	7	1	6	8	9	2	3	5
8	2	5	3	7	1	4	6	9
1	6	3	2	5	7	9	4	8
7	9	2	4	6	8	3	5	1
5	8	4	1	9	3	7	2	6

101

9	8	2	3	6	4	7	5	1
3	6	4	1	5	7	9	2	8
5	1	7	2	8	9	4	3	6
7	3	8	4	1	5	2	6	9
2	5	6	9	7	3	8	1	4
4	9	1	8	2	6	3	7	5
6	2	3	5	4	8	1	9	7
8	7	9	6	3	1	5	4	2
1	4	5	7	9	2	6	8	3

102

8	3	4	9	6	2	5	1	7
2	9	1	5	8	7	3	6	4
7	6	5	4	1	3	9	8	2
4	8	6	3	7	5	1	2	9
5	1	9	6	2	8	7	4	3
3	7	2	1	9	4	6	5	8
6	5	8	2	3	9	4	7	1
9	4	7	8	5	1	2	3	6
1	2	3	7	4	6	8	9	5

103

7	6	4	5	9	2	8	1	3
1	3	8	7	6	4	2	5	9
5	9	2	8	1	3	6	4	7
8	7	1	3	4	6	5	9	2
6	4	9	2	5	7	1	3	8
3	2	5	9	8	1	7	6	4
9	8	3	6	2	5	4	7	1
4	5	7	1	3	8	9	2	6
2	1	6	4	7	9	3	8	5

104

7	4	3	1	5	9	8	6	2
5	8	6	4	2	7	9	1	3
2	9	1	3	6	8	7	4	5
4	6	7	9	8	3	5	2	1
8	5	2	6	7	1	4	3	9
3	1	9	5	4	2	6	7	8
1	2	4	7	9	5	3	8	6
6	3	5	8	1	4	2	9	7
9	7	8	2	3	6	1	5	4

105

5	1	4	6	3	7	8	9	2
7	9	6	8	4	2	5	1	3
8	2	3	5	9	1	4	7	6
9	3	2	1	5	6	7	8	4
1	7	5	2	8	4	6	3	9
4	6	8	9	7	3	1	2	5
6	5	1	7	2	9	3	4	8
3	8	9	4	1	5	2	6	7
2	4	7	3	6	8	9	5	1

106

9	2	4	8	1	7	5	3	6
1	8	7	3	6	5	4	2	9
6	5	3	9	4	2	8	1	7
7	3	8	5	2	9	6	4	1
2	1	6	7	8	4	3	9	5
4	9	5	6	3	1	7	8	2
8	7	9	2	5	3	1	6	4
3	4	2	1	7	6	9	5	8
5	6	1	4	9	8	2	7	3

107

8	1	5	4	6	2	7	3	9
6	2	7	3	5	9	8	4	1
9	4	3	7	1	8	6	5	2
5	8	2	1	7	3	4	9	6
4	3	9	5	8	6	1	2	7
1	7	6	2	9	4	5	8	3
7	5	8	9	2	1	3	6	4
2	6	4	8	3	7	9	1	5
3	9	1	6	4	5	2	7	8

108

9	8	6	5	1	2	3	4	7
4	5	1	3	7	6	2	8	9
3	2	7	4	8	9	5	6	1
1	4	8	9	3	5	6	7	2
5	9	2	7	6	8	4	1	3
6	7	3	1	2	4	8	9	5
8	1	4	2	9	3	7	5	6
7	3	5	6	4	1	9	2	8
2	6	9	8	5	7	1	3	4

109

5	1	9	3	7	8	6	4	2
3	2	6	4	1	5	9	7	8
4	8	7	6	9	2	3	1	5
8	7	4	9	6	3	2	5	1
2	9	1	5	8	4	7	3	6
6	5	3	7	2	1	8	9	4
7	6	8	1	5	9	4	2	3
1	3	2	8	4	7	5	6	9
9	4	5	2	3	6	1	8	7

110

7	4	8	5	2	9	3	1	6
5	2	3	6	7	1	4	9	8
1	9	6	8	3	4	7	2	5
8	1	7	4	5	3	2	6	9
6	3	9	2	1	8	5	4	7
4	5	2	7	9	6	8	3	1
2	6	1	3	8	5	9	7	4
3	8	4	9	6	7	1	5	2
9	7	5	1	4	2	6	8	3

111

1	9	8	2	5	6	3	4	7
6	3	5	1	4	7	8	2	9
4	2	7	3	8	9	5	6	1
5	6	2	8	7	4	9	1	3
7	1	4	5	9	3	6	8	2
3	8	9	6	2	1	7	5	4
8	5	1	9	3	2	4	7	6
2	7	3	4	6	8	1	9	5
9	4	6	7	1	5	2	3	8

112

8	2	6	7	1	4	3	5	9
4	3	1	9	5	8	6	2	7
5	9	7	3	2	6	8	4	1
7	8	2	5	9	3	1	6	4
6	1	9	4	7	2	5	8	3
3	4	5	6	8	1	9	7	2
1	5	4	2	6	9	7	3	8
9	6	3	8	4	7	2	1	5
2	7	8	1	3	5	4	9	6

113

9	4	1	8	7	5	6	2	3
7	3	8	6	2	4	1	9	5
5	2	6	9	3	1	8	7	4
1	7	9	3	5	8	2	4	6
8	6	4	1	9	2	3	5	7
3	5	2	4	6	7	9	1	8
2	8	3	5	4	9	7	6	1
6	9	5	7	1	3	4	8	2
4	1	7	2	8	6	5	3	9

114

4	1	9	2	5	8	6	3	7
2	6	8	4	3	7	5	1	9
3	5	7	9	6	1	4	2	8
1	4	3	5	7	6	8	9	2
7	9	5	8	2	3	1	6	4
8	2	6	1	9	4	7	5	3
5	8	4	3	1	2	9	7	6
6	3	1	7	8	9	2	4	5
9	7	2	6	4	5	3	8	1

115

1	2	7	9	4	3	5	6	8
4	3	6	7	5	8	1	2	9
8	5	9	6	2	1	7	4	3
7	1	3	5	6	4	9	8	2
9	4	8	1	3	2	6	7	5
2	6	5	8	9	7	3	1	4
6	8	4	3	1	9	2	5	7
3	7	1	2	8	5	4	9	6
5	9	2	4	7	6	8	3	1

116

3	2	5	9	6	8	4	1	7
7	4	9	3	1	5	8	2	6
8	6	1	7	4	2	9	3	5
9	5	7	2	8	1	6	4	3
1	3	6	5	9	4	2	7	8
4	8	2	6	3	7	1	5	9
5	1	3	8	2	9	7	6	4
6	9	4	1	7	3	5	8	2
2	7	8	4	5	6	3	9	1

117

7	9	5	2	1	3	8	4	6
8	4	6	5	9	7	2	3	1
1	3	2	4	6	8	5	9	7
5	7	9	8	3	4	6	1	2
6	2	4	1	5	9	7	8	3
3	1	8	7	2	6	9	5	4
2	8	7	9	4	1	3	6	5
4	5	3	6	8	2	1	7	9
9	6	1	3	7	5	4	2	8

118

3	5	1	2	9	8	6	4	7
2	6	8	4	7	1	3	9	5
4	7	9	5	6	3	2	8	1
1	9	2	3	4	7	8	5	6
6	8	4	9	2	5	7	1	3
5	3	7	8	1	6	9	2	4
8	2	3	7	5	4	1	6	9
7	4	6	1	8	9	5	3	2
9	1	5	6	3	2	4	7	8

119

5	1	9	4	6	7	2	3	8
8	2	3	5	9	1	6	7	4
6	4	7	2	8	3	5	9	1
2	8	4	7	3	6	1	5	9
7	6	5	1	4	9	3	8	2
3	9	1	8	2	5	4	6	7
4	5	2	3	7	8	9	1	6
9	3	8	6	1	2	7	4	5
1	7	6	9	5	4	8	2	3

120

3	1	9	8	4	2	5	7	6
5	8	6	1	9	7	3	4	2
7	4	2	5	6	3	1	8	9
8	2	4	3	5	9	7	6	1
1	3	5	2	7	6	8	9	4
6	9	7	4	1	8	2	3	5
2	7	1	6	3	4	9	5	8
4	5	3	9	8	1	6	2	7
9	6	8	7	2	5	4	1	3

121

7	2	5	4	1	8	9	3	6
8	3	6	9	7	2	1	5	4
1	9	4	6	3	5	8	2	7
4	5	7	3	6	1	2	9	8
9	6	3	8	2	4	7	1	5
2	8	1	7	5	9	4	6	3
5	1	8	2	4	6	3	7	9
3	4	2	5	9	7	6	8	1
6	7	9	1	8	3	5	4	2

122

9	3	2	6	7	8	4	1	5
4	6	5	3	9	1	2	7	8
8	7	1	2	4	5	6	3	9
5	1	7	9	6	3	8	2	4
2	8	3	7	5	4	1	9	6
6	9	4	8	1	2	7	5	3
7	4	9	5	2	6	3	8	1
1	2	8	4	3	9	5	6	7
3	5	6	1	8	7	9	4	2

123

7	8	2	4	6	1	5	3	9
5	6	1	8	3	9	7	2	4
4	3	9	2	7	5	8	1	6
6	9	4	7	1	8	3	5	2
1	2	5	3	9	6	4	8	7
8	7	3	5	2	4	6	9	1
9	5	7	6	8	2	1	4	3
3	1	8	9	4	7	2	6	5
2	4	6	1	5	3	9	7	8

124

5	6	7	1	8	3	4	9	2
9	2	3	5	4	7	6	8	1
1	4	8	2	9	6	3	5	7
4	7	5	8	1	9	2	6	3
3	9	1	6	7	2	8	4	5
6	8	2	4	3	5	7	1	9
2	1	4	3	5	8	9	7	6
8	3	9	7	6	1	5	2	4
7	5	6	9	2	4	1	3	8

125

7	9	1	6	4	3	2	5	8
5	3	8	7	2	9	4	6	1
4	2	6	5	8	1	9	7	3
2	1	7	8	3	5	6	4	9
6	8	4	2	9	7	1	3	5
3	5	9	1	6	4	7	8	2
8	6	3	4	1	2	5	9	7
9	7	2	3	5	6	8	1	4
1	4	5	9	7	8	3	2	6

126

4	1	3	7	6	5	8	2	9
7	2	5	8	1	9	3	4	6
8	9	6	2	3	4	5	1	7
2	4	7	3	5	8	6	9	1
3	6	1	9	7	2	4	5	8
9	5	8	1	4	6	2	7	3
6	3	9	4	2	1	7	8	5
5	8	4	6	9	7	1	3	2
1	7	2	5	8	3	9	6	4

127

5	4	6	7	3	9	8	2	1
9	8	1	5	6	2	3	7	4
7	2	3	8	4	1	5	9	6
1	9	5	6	7	3	4	8	2
2	6	4	1	8	5	9	3	7
8	3	7	2	9	4	1	6	5
4	1	9	3	2	7	6	5	8
6	5	2	9	1	8	7	4	3
3	7	8	4	5	6	2	1	9

128

8	4	1	6	7	5	3	9	2
3	9	2	8	1	4	7	6	5
6	7	5	2	9	3	8	1	4
7	2	9	1	3	6	4	5	8
5	1	3	9	4	8	2	7	6
4	6	8	5	2	7	9	3	1
9	5	6	7	8	2	1	4	3
1	8	4	3	6	9	5	2	7
2	3	7	4	5	1	6	8	9

129

9	3	5	1	2	6	8	4	7
8	1	6	9	4	7	3	5	2
7	4	2	5	3	8	1	6	9
4	6	3	7	5	2	9	1	8
1	8	7	4	6	9	2	3	5
2	5	9	8	1	3	6	7	4
5	9	1	6	8	4	7	2	3
6	2	8	3	7	5	4	9	1
3	7	4	2	9	1	5	8	6

130

1	5	8	6	7	2	4	9	3
4	3	9	5	8	1	6	7	2
6	7	2	9	4	3	1	8	5
8	2	3	7	6	4	9	5	1
5	1	7	2	3	9	8	4	6
9	6	4	8	1	5	2	3	7
7	9	1	3	2	8	5	6	4
2	8	6	4	5	7	3	1	9
3	4	5	1	9	6	7	2	8

131

9	6	5	7	4	8	3	1	2
2	8	4	5	3	1	9	6	7
7	1	3	6	2	9	4	8	5
8	9	2	4	1	7	5	3	6
5	4	6	3	9	2	1	7	8
3	7	1	8	5	6	2	9	4
1	3	7	2	6	5	8	4	9
6	2	9	1	8	4	7	5	3
4	5	8	9	7	3	6	2	1

132

8	2	4	6	5	7	9	1	3
7	6	5	1	9	3	4	8	2
9	1	3	4	8	2	5	7	6
1	5	2	8	4	9	6	3	7
4	7	8	3	6	5	2	9	1
3	9	6	7	2	1	8	5	4
5	8	1	2	7	6	3	4	9
2	3	9	5	1	4	7	6	8
6	4	7	9	3	8	1	2	5

133

4	6	1	9	5	2	7	8	3
7	3	8	1	6	4	9	5	2
9	5	2	3	7	8	1	6	4
6	4	5	7	8	9	3	2	1
8	7	9	2	3	1	6	4	5
1	2	3	5	4	6	8	7	9
5	8	4	6	1	3	2	9	7
3	9	6	4	2	7	5	1	8
2	1	7	8	9	5	4	3	6

134

1	8	9	4	5	2	7	3	6
4	7	5	6	9	3	8	2	1
3	6	2	7	1	8	4	5	9
5	9	3	1	8	6	2	7	4
7	1	6	5	2	4	9	8	3
8	2	4	9	3	7	1	6	5
9	4	8	2	6	5	3	1	7
2	5	1	3	7	9	6	4	8
6	3	7	8	4	1	5	9	2

135

2	6	4	1	7	5	9	8	3
9	8	3	6	4	2	5	1	7
7	5	1	8	9	3	4	2	6
5	4	8	7	2	6	1	3	9
1	9	6	3	5	8	7	4	2
3	2	7	4	1	9	6	5	8
8	7	5	9	3	1	2	6	4
4	3	2	5	6	7	8	9	1
6	1	9	2	8	4	3	7	5

136

8	6	9	5	4	2	3	1	7
3	4	1	7	6	9	2	8	5
5	2	7	3	1	8	4	6	9
7	8	4	2	9	1	5	3	6
9	3	5	6	7	4	8	2	1
6	1	2	8	3	5	7	9	4
1	9	3	4	8	7	6	5	2
4	5	6	9	2	3	1	7	8
2	7	8	1	5	6	9	4	3

137

6	2	5	8	1	7	9	4	3
7	3	8	4	9	2	5	1	6
4	9	1	5	6	3	8	7	2
3	8	9	7	5	4	6	2	1
1	4	6	2	8	9	3	5	7
2	5	7	6	3	1	4	8	9
8	1	2	9	4	6	7	3	5
5	6	3	1	7	8	2	9	4
9	7	4	3	2	5	1	6	8

138

1	8	4	9	2	7	3	6	5
9	3	7	5	8	6	1	2	4
6	2	5	3	1	4	8	7	9
5	4	3	7	9	1	2	8	6
8	9	1	2	6	3	4	5	7
7	6	2	8	4	5	9	1	3
3	7	8	1	5	9	6	4	2
2	5	6	4	3	8	7	9	1
4	1	9	6	7	2	5	3	8

139

6	1	9	7	2	3	4	8	5
2	7	8	4	9	5	6	1	3
5	4	3	8	6	1	2	7	9
7	6	1	3	5	8	9	4	2
8	3	2	1	4	9	5	6	7
4	9	5	2	7	6	1	3	8
9	8	7	6	1	2	3	5	4
3	5	6	9	8	4	7	2	1
1	2	4	5	3	7	8	9	6

140

5	7	6	9	2	8	4	1	3
8	3	4	6	5	1	9	7	2
2	9	1	3	7	4	6	8	5
9	4	2	5	1	7	8	3	6
6	5	8	2	4	3	7	9	1
3	1	7	8	6	9	5	2	4
1	8	9	4	3	5	2	6	7
4	2	3	7	9	6	1	5	8
7	6	5	1	8	2	3	4	9

141

4	5	3	7	8	9	6	2	1
1	8	9	3	6	2	5	7	4
2	6	7	1	4	5	3	8	9
5	4	1	6	2	3	8	9	7
9	2	8	5	7	4	1	6	3
3	7	6	9	1	8	4	5	2
8	9	5	2	3	1	7	4	6
6	1	2	4	5	7	9	3	8
7	3	4	8	9	6	2	1	5

142

9	2	7	4	8	3	1	5	6
6	4	3	2	5	1	9	8	7
5	8	1	7	6	9	2	3	4
4	3	5	9	7	8	6	1	2
1	9	2	6	3	5	4	7	8
7	6	8	1	2	4	3	9	5
2	5	9	8	1	6	7	4	3
8	7	4	3	9	2	5	6	1
3	1	6	5	4	7	8	2	9

143

5	3	6	9	7	1	8	2	4
9	7	8	2	4	6	1	3	5
4	2	1	8	5	3	6	9	7
7	9	5	1	3	4	2	6	8
8	1	3	7	6	2	4	5	9
6	4	2	5	8	9	3	7	1
2	5	9	6	1	8	7	4	3
1	6	4	3	9	7	5	8	2
3	8	7	4	2	5	9	1	6

144

2	1	3	7	9	8	6	5	4
7	9	5	3	6	4	1	8	2
6	4	8	5	2	1	3	7	9
4	8	9	2	1	7	5	6	3
1	3	7	6	4	5	9	2	8
5	6	2	8	3	9	4	1	7
8	2	1	4	5	3	7	9	6
9	7	4	1	8	6	2	3	5
3	5	6	9	7	2	8	4	1

145

3	4	8	6	1	9	7	2	5
9	7	6	5	2	8	4	1	3
2	1	5	4	3	7	9	8	6
1	9	7	8	6	3	2	5	4
5	6	2	7	9	4	1	3	8
8	3	4	1	5	2	6	9	7
7	5	3	9	4	1	8	6	2
4	2	9	3	8	6	5	7	1
6	8	1	2	7	5	3	4	9

146

8	4	9	6	1	5	2	7	3
2	7	3	8	4	9	6	5	1
1	6	5	3	7	2	9	8	4
7	3	4	9	8	6	1	2	5
5	1	6	7	2	4	3	9	8
9	8	2	5	3	1	4	6	7
6	5	8	4	9	3	7	1	2
3	2	7	1	6	8	5	4	9
4	9	1	2	5	7	8	3	6

147

9	5	1	4	3	7	6	8	2
7	6	2	1	8	5	3	9	4
4	8	3	9	2	6	1	7	5
2	4	7	8	6	9	5	3	1
6	3	9	5	4	1	7	2	8
5	1	8	3	7	2	4	6	9
1	7	5	6	9	8	2	4	3
3	9	6	2	5	4	8	1	7
8	2	4	7	1	3	9	5	6

148

7	2	3	4	5	6	1	9	8
1	4	6	9	8	7	2	3	5
5	9	8	3	1	2	6	7	4
3	1	2	7	4	9	8	5	6
4	8	7	5	6	3	9	2	1
9	6	5	1	2	8	3	4	7
2	5	1	6	9	4	7	8	3
8	7	4	2	3	1	5	6	9
6	3	9	8	7	5	4	1	2

149

1	8	4	9	6	7	2	3	5
6	2	9	5	3	1	7	4	8
5	3	7	4	8	2	6	1	9
8	1	2	7	4	3	5	9	6
4	6	5	1	2	9	8	7	3
9	7	3	6	5	8	4	2	1
2	4	8	3	1	6	9	5	7
3	9	6	2	7	5	1	8	4
7	5	1	8	9	4	3	6	2

150

4	1	5	8	9	3	7	6	2
8	2	9	7	1	6	4	3	5
6	3	7	4	5	2	8	1	9
7	6	3	9	4	5	2	8	1
1	5	4	2	8	7	3	9	6
9	8	2	6	3	1	5	7	4
2	4	6	3	7	9	1	5	8
5	7	8	1	6	4	9	2	3
3	9	1	5	2	8	6	4	7

151

4	6	2	7	3	8	9	5	1
7	3	1	9	2	5	8	4	6
5	9	8	6	1	4	3	2	7
6	1	4	5	8	3	2	7	9
9	7	5	2	6	1	4	3	8
8	2	3	4	7	9	1	6	5
3	4	7	1	9	6	5	8	2
2	5	9	8	4	7	6	1	3
1	8	6	3	5	2	7	9	4

152

1	6	7	8	9	2	3	4	5
9	3	2	4	5	6	1	8	7
8	5	4	1	3	7	6	2	9
5	9	8	2	4	1	7	3	6
2	7	1	3	6	9	4	5	8
6	4	3	5	7	8	2	9	1
3	1	9	6	2	5	8	7	4
4	8	5	7	1	3	9	6	2
7	2	6	9	8	4	5	1	3

153

6	8	1	2	7	5	3	4	9
9	3	7	4	8	1	6	5	2
4	2	5	6	9	3	1	7	8
8	4	3	1	5	2	7	9	6
5	9	2	7	3	6	4	8	1
7	1	6	8	4	9	2	3	5
1	5	9	3	2	7	8	6	4
2	7	4	9	6	8	5	1	3
3	6	8	5	1	4	9	2	7

154

4	5	8	2	9	6	7	1	3
7	9	2	1	3	4	6	8	5
3	1	6	5	8	7	9	4	2
9	3	1	7	6	2	8	5	4
2	4	5	9	1	8	3	6	7
8	6	7	3	4	5	2	9	1
5	8	3	6	7	1	4	2	9
6	2	9	4	5	3	1	7	8
1	7	4	8	2	9	5	3	6

155

5	7	6	2	4	8	1	9	3
8	9	1	7	3	5	6	4	2
2	4	3	1	6	9	7	5	8
1	6	2	3	9	7	5	8	4
4	8	9	6	5	2	3	7	1
7	3	5	8	1	4	9	2	6
3	2	4	9	7	6	8	1	5
6	5	7	4	8	1	2	3	9
9	1	8	5	2	3	4	6	7

156

1	4	3	2	5	6	7	8	9
7	2	8	3	9	1	6	5	4
5	6	9	7	8	4	3	2	1
6	8	1	4	2	5	9	7	3
3	7	4	9	6	8	2	1	5
2	9	5	1	7	3	8	4	6
8	1	6	5	3	2	4	9	7
9	5	2	6	4	7	1	3	8
4	3	7	8	1	9	5	6	2

157

8	1	6	9	4	5	3	7	2
9	7	3	8	6	2	5	1	4
5	2	4	7	3	1	6	9	8
1	4	7	6	2	3	9	8	5
6	8	9	5	7	4	2	3	1
3	5	2	1	8	9	4	6	7
4	3	8	2	9	7	1	5	6
2	6	5	3	1	8	7	4	9
7	9	1	4	5	6	8	2	3

158

5	2	4	1	6	8	3	7	9
8	3	9	5	2	7	1	6	4
6	1	7	9	3	4	8	5	2
9	7	8	4	1	2	5	3	6
1	6	5	7	9	3	4	2	8
2	4	3	6	8	5	9	1	7
3	9	2	8	5	6	7	4	1
7	8	6	3	4	1	2	9	5
4	5	1	2	7	9	6	8	3

159

7	8	1	5	3	6	4	2	9
2	6	5	4	8	9	3	1	7
3	9	4	2	1	7	8	5	6
4	2	3	9	6	5	7	8	1
6	5	9	8	7	1	2	4	3
1	7	8	3	4	2	6	9	5
9	4	7	6	5	8	1	3	2
8	1	2	7	9	3	5	6	4
5	3	6	1	2	4	9	7	8

160

8	5	7	4	1	2	3	6	9
1	9	6	7	8	3	4	2	5
4	3	2	5	6	9	1	8	7
3	2	5	6	7	1	9	4	8
6	8	1	9	3	4	5	7	2
9	7	4	8	2	5	6	1	3
7	1	9	2	5	6	8	3	4
5	6	8	3	4	7	2	9	1
2	4	3	1	9	8	7	5	6

161

1	8	2	4	3	7	6	9	5
5	4	9	8	1	6	2	7	3
6	3	7	9	2	5	1	4	8
4	2	3	5	6	8	9	1	7
7	1	8	2	9	4	3	5	6
9	5	6	3	7	1	4	8	2
2	7	5	1	4	3	8	6	9
8	9	4	6	5	2	7	3	1
3	6	1	7	8	9	5	2	4

162

7	5	1	2	6	8	4	9	3
9	2	6	7	3	4	8	1	5
3	4	8	1	9	5	7	2	6
1	3	2	6	4	7	5	8	9
4	7	9	5	8	2	6	3	1
8	6	5	9	1	3	2	4	7
6	9	4	8	5	1	3	7	2
2	1	3	4	7	6	9	5	8
5	8	7	3	2	9	1	6	4

163

1	8	3	7	2	5	4	6	9
9	7	4	3	1	6	5	8	2
2	5	6	4	8	9	3	7	1
5	3	1	8	9	4	6	2	7
7	9	2	6	5	3	8	1	4
6	4	8	1	7	2	9	3	5
3	1	5	2	4	8	7	9	6
8	2	9	5	6	7	1	4	3
4	6	7	9	3	1	2	5	8

164

5	2	4	8	3	1	9	6	7
3	7	6	2	9	4	1	8	5
1	9	8	7	5	6	3	4	2
9	1	5	6	7	8	4	2	3
4	6	3	9	2	5	7	1	8
7	8	2	4	1	3	6	5	9
2	4	7	1	8	9	5	3	6
8	3	1	5	6	7	2	9	4
6	5	9	3	4	2	8	7	1

165

1	9	5	4	8	3	7	6	2
8	7	3	6	2	9	4	1	5
2	4	6	1	7	5	3	8	9
5	6	2	9	4	8	1	7	3
4	1	9	7	3	2	8	5	6
3	8	7	5	6	1	2	9	4
7	3	4	8	5	6	9	2	1
9	5	8	2	1	4	6	3	7
6	2	1	3	9	7	5	4	8

166

5	4	1	9	2	6	8	3	7
3	8	2	5	7	1	9	4	6
9	6	7	4	3	8	2	1	5
7	5	3	8	9	2	1	6	4
6	9	8	3	1	4	7	5	2
1	2	4	7	6	5	3	8	9
2	1	9	6	4	3	5	7	8
4	7	5	1	8	9	6	2	3
8	3	6	2	5	7	4	9	1

167

8	9	2	1	6	4	5	3	7
5	7	4	8	9	3	2	6	1
3	1	6	5	7	2	9	4	8
4	6	9	3	5	1	7	8	2
7	8	5	9	2	6	4	1	3
2	3	1	4	8	7	6	9	5
1	5	7	6	4	8	3	2	9
9	4	8	2	3	5	1	7	6
6	2	3	7	1	9	8	5	4

168

2	4	6	5	8	7	1	3	9
7	3	8	9	1	2	6	5	4
1	9	5	3	6	4	2	8	7
4	7	1	8	5	9	3	6	2
5	6	2	1	4	3	9	7	8
3	8	9	2	7	6	5	4	1
8	1	7	6	9	5	4	2	3
6	2	4	7	3	1	8	9	5
9	5	3	4	2	8	7	1	6

169

4	8	7	6	5	2	9	3	1
5	2	1	3	8	9	6	4	7
6	3	9	1	7	4	5	2	8
7	5	4	9	1	3	2	8	6
2	9	8	4	6	5	7	1	3
3	1	6	7	2	8	4	5	9
1	6	3	5	4	7	8	9	2
9	4	2	8	3	6	1	7	5
8	7	5	2	9	1	3	6	4

170

2	6	7	3	8	1	5	4	9
8	3	9	4	7	5	6	2	1
5	1	4	6	9	2	3	7	8
9	4	3	1	2	7	8	5	6
6	2	8	5	3	9	4	1	7
7	5	1	8	4	6	2	9	3
3	9	5	2	1	8	7	6	4
4	7	6	9	5	3	1	8	2
1	8	2	7	6	4	9	3	5

171

1	2	7	4	5	3	8	6	9
4	6	8	9	1	7	5	2	3
3	5	9	2	8	6	1	7	4
6	4	3	8	2	1	9	5	7
5	9	2	7	6	4	3	8	1
8	7	1	3	9	5	6	4	2
9	1	4	6	7	8	2	3	5
7	8	5	1	3	2	4	9	6
2	3	6	5	4	9	7	1	8

172

7	9	6	3	2	5	1	4	8
4	8	2	9	6	1	5	3	7
5	3	1	4	8	7	6	9	2
6	5	8	7	3	9	2	1	4
2	4	9	6	1	8	3	7	5
3	1	7	5	4	2	8	6	9
9	6	4	8	5	3	7	2	1
1	7	5	2	9	6	4	8	3
8	2	3	1	7	4	9	5	6

173

4	7	1	3	8	2	9	5	6
8	9	2	5	6	4	3	7	1
3	5	6	7	9	1	2	8	4
7	6	3	4	1	8	5	2	9
1	4	8	9	2	5	7	6	3
5	2	9	6	3	7	4	1	8
6	3	7	8	5	9	1	4	2
9	1	4	2	7	6	8	3	5
2	8	5	1	4	3	6	9	7

174

6	9	2	4	7	8	1	3	5
3	4	8	6	1	5	2	9	7
1	7	5	2	9	3	8	4	6
2	5	6	3	8	9	7	1	4
4	3	9	7	6	1	5	2	8
8	1	7	5	4	2	3	6	9
5	8	4	1	3	6	9	7	2
7	2	3	9	5	4	6	8	1
9	6	1	8	2	7	4	5	3

175

2	7	9	1	8	6	5	4	3
3	6	1	4	5	7	8	2	9
8	5	4	9	3	2	6	7	1
6	4	3	8	1	5	2	9	7
7	8	5	3	2	9	1	6	4
1	9	2	6	7	4	3	8	5
5	2	6	7	4	1	9	3	8
9	3	7	5	6	8	4	1	2
4	1	8	2	9	3	7	5	6

176

9	4	1	5	2	3	7	6	8
5	2	8	9	6	7	1	3	4
7	6	3	1	4	8	5	2	9
6	8	9	3	1	5	4	7	2
2	1	7	6	9	4	8	5	3
4	3	5	7	8	2	9	1	6
8	7	6	4	3	1	2	9	5
1	9	4	2	5	6	3	8	7
3	5	2	8	7	9	6	4	1

177

4	9	2	1	5	7	3	8	6
6	1	7	2	3	8	4	9	5
3	8	5	6	9	4	7	1	2
2	4	3	7	1	5	9	6	8
1	5	6	8	4	9	2	7	3
9	7	8	3	6	2	1	5	4
5	6	4	9	7	3	8	2	1
7	2	1	4	8	6	5	3	9
8	3	9	5	2	1	6	4	7

178

8	4	2	1	7	3	6	9	5
7	1	5	6	2	9	3	8	4
3	9	6	4	8	5	7	2	1
9	2	3	5	1	8	4	6	7
6	8	4	2	3	7	1	5	9
1	5	7	9	6	4	8	3	2
5	3	1	7	9	6	2	4	8
4	7	8	3	5	2	9	1	6
2	6	9	8	4	1	5	7	3

179

9	2	1	5	8	6	4	7	3
8	5	6	4	3	7	9	1	2
7	4	3	2	1	9	6	5	8
4	8	9	3	7	5	1	2	6
6	1	5	9	2	8	3	4	7
3	7	2	6	4	1	5	8	9
5	6	7	8	9	4	2	3	1
1	3	4	7	6	2	8	9	5
2	9	8	1	5	3	7	6	4

180

4	7	5	1	6	8	2	9	3
2	6	9	3	4	7	8	1	5
1	3	8	2	9	5	7	4	6
7	5	6	8	2	4	1	3	9
9	8	4	6	3	1	5	2	7
3	1	2	7	5	9	4	6	8
8	4	3	5	1	6	9	7	2
5	2	1	9	7	3	6	8	4
6	9	7	4	8	2	3	5	1

181

8	9	4	2	6	5	3	1	7
2	3	7	9	1	4	8	6	5
1	6	5	3	7	8	4	2	9
5	4	9	1	2	7	6	8	3
7	8	1	6	4	3	5	9	2
3	2	6	8	5	9	7	4	1
9	5	2	7	8	6	1	3	4
6	7	3	4	9	1	2	5	8
4	1	8	5	3	2	9	7	6

182

1	2	5	4	8	9	7	3	6
6	9	7	2	1	3	4	8	5
3	4	8	5	6	7	1	9	2
7	3	4	8	2	5	6	1	9
5	1	9	3	7	6	2	4	8
8	6	2	1	9	4	5	7	3
2	5	3	9	4	1	8	6	7
9	7	1	6	5	8	3	2	4
4	8	6	7	3	2	9	5	1

183

2	5	8	7	3	4	6	9	1
9	4	6	1	2	8	7	5	3
1	7	3	5	6	9	4	2	8
7	8	2	3	9	5	1	4	6
5	3	1	6	4	2	9	8	7
6	9	4	8	1	7	5	3	2
4	1	9	2	8	6	3	7	5
3	2	7	4	5	1	8	6	9
8	6	5	9	7	3	2	1	4

184

6	5	8	1	7	3	2	4	9
7	1	2	9	8	4	3	5	6
4	9	3	5	2	6	8	1	7
3	2	9	4	6	1	7	8	5
5	4	6	7	3	8	9	2	1
1	8	7	2	9	5	6	3	4
8	7	1	3	5	9	4	6	2
9	3	4	6	1	2	5	7	8
2	6	5	8	4	7	1	9	3

185

3	6	1	4	2	5	9	7	8
7	4	8	6	9	3	1	2	5
5	2	9	1	7	8	3	6	4
8	1	4	3	5	6	2	9	7
2	7	3	9	8	4	5	1	6
9	5	6	2	1	7	8	4	3
6	8	2	7	3	9	4	5	1
1	3	7	5	4	2	6	8	9
4	9	5	8	6	1	7	3	2

186

3	9	8	5	1	4	2	7	6
6	1	2	8	3	7	5	9	4
5	4	7	6	2	9	1	3	8
7	2	4	3	9	1	6	8	5
8	5	9	2	7	6	3	4	1
1	6	3	4	8	5	9	2	7
4	3	1	7	6	2	8	5	9
9	8	5	1	4	3	7	6	2
2	7	6	9	5	8	4	1	3

187

9	8	3	4	2	5	7	6	1
7	5	2	1	3	6	4	9	8
1	4	6	8	9	7	5	2	3
5	7	9	3	6	2	1	8	4
6	3	1	9	4	8	2	7	5
8	2	4	5	7	1	9	3	6
4	6	5	2	8	9	3	1	7
2	1	7	6	5	3	8	4	9
3	9	8	7	1	4	6	5	2

188

1	8	3	2	4	7	9	6	5
6	2	7	9	5	3	8	1	4
5	4	9	8	1	6	7	3	2
2	3	1	7	9	5	4	8	6
9	7	6	1	8	4	2	5	3
4	5	8	6	3	2	1	7	9
8	9	5	3	2	1	6	4	7
3	6	2	4	7	8	5	9	1
7	1	4	5	6	9	3	2	8

189

3	5	4	9	6	7	2	1	8
8	6	1	2	4	5	7	9	3
9	7	2	1	8	3	4	6	5
5	2	8	7	1	6	9	3	4
6	1	9	4	3	2	5	8	7
7	4	3	8	5	9	6	2	1
1	8	6	5	9	4	3	7	2
4	9	7	3	2	1	8	5	6
2	3	5	6	7	8	1	4	9

190

8	6	4	2	9	7	3	5	1
1	3	5	6	4	8	2	7	9
2	9	7	1	3	5	4	8	6
5	1	8	4	2	3	9	6	7
9	7	3	5	6	1	8	4	2
6	4	2	7	8	9	1	3	5
3	5	1	9	7	4	6	2	8
7	8	6	3	1	2	5	9	4
4	2	9	8	5	6	7	1	3

191

3	9	1	5	6	2	7	4	8
4	2	6	8	7	3	5	1	9
5	8	7	4	9	1	3	2	6
1	6	3	7	8	5	4	9	2
8	5	9	2	1	4	6	7	3
7	4	2	9	3	6	8	5	1
9	1	8	3	5	7	2	6	4
6	7	4	1	2	8	9	3	5
2	3	5	6	4	9	1	8	7

192

7	5	4	8	2	6	1	9	3
6	2	3	7	9	1	5	4	8
1	8	9	5	4	3	6	2	7
2	9	6	1	8	7	4	3	5
4	3	1	2	5	9	8	7	6
5	7	8	6	3	4	2	1	9
8	1	5	9	7	2	3	6	4
3	6	7	4	1	5	9	8	2
9	4	2	3	6	8	7	5	1

193

1	4	8	7	5	6	3	2	9
7	6	5	2	3	9	8	1	4
9	2	3	1	8	4	5	6	7
3	9	2	6	4	1	7	5	8
6	5	1	8	9	7	4	3	2
4	8	7	5	2	3	1	9	6
2	7	6	4	1	5	9	8	3
5	3	4	9	6	8	2	7	1
8	1	9	3	7	2	6	4	5

194

2	1	9	5	6	7	8	3	4
3	8	6	9	4	1	5	7	2
7	5	4	3	2	8	6	1	9
4	6	2	7	5	3	9	8	1
8	3	1	4	9	6	2	5	7
9	7	5	8	1	2	4	6	3
5	2	3	1	8	4	7	9	6
6	9	7	2	3	5	1	4	8
1	4	8	6	7	9	3	2	5

195

2	1	7	5	9	4	6	8	3
4	5	3	6	1	8	7	9	2
9	8	6	3	2	7	1	5	4
8	6	4	2	3	5	9	7	1
1	9	5	7	4	6	2	3	8
3	7	2	9	8	1	5	4	6
7	3	1	4	5	2	8	6	9
5	2	9	8	6	3	4	1	7
6	4	8	1	7	9	3	2	5

196

8	3	2	6	1	7	9	4	5
1	6	5	9	3	4	7	8	2
9	7	4	2	8	5	1	6	3
5	4	3	8	9	2	6	1	7
6	2	1	7	4	3	8	5	9
7	8	9	5	6	1	2	3	4
3	5	7	1	2	6	4	9	8
2	9	6	4	5	8	3	7	1
4	1	8	3	7	9	5	2	6

197

7	8	2	4	6	1	5	3	9
4	3	9	8	5	7	6	1	2
5	1	6	9	3	2	8	4	7
2	5	1	3	9	4	7	6	8
3	6	8	7	1	5	9	2	4
9	4	7	2	8	6	1	5	3
6	2	4	1	7	9	3	8	5
8	9	5	6	4	3	2	7	1
1	7	3	5	2	8	4	9	6

198

6	7	3	1	4	5	8	9	2
9	1	4	7	8	2	6	5	3
5	8	2	3	6	9	7	4	1
3	5	9	2	7	8	1	6	4
7	4	1	9	5	6	3	2	8
2	6	8	4	1	3	9	7	5
8	9	7	5	3	4	2	1	6
1	3	5	6	2	7	4	8	9
4	2	6	8	9	1	5	3	7

199

3	8	1	4	2	7	5	6	9
4	5	7	8	6	9	1	2	3
2	9	6	1	5	3	4	7	8
1	7	4	9	3	6	8	5	2
8	6	5	2	4	1	9	3	7
9	2	3	7	8	5	6	1	4
5	4	2	3	1	8	7	9	6
6	3	9	5	7	4	2	8	1
7	1	8	6	9	2	3	4	5

200

5	2	7	6	8	3	4	9	1
6	4	9	5	2	1	3	8	7
8	3	1	4	9	7	2	6	5
7	9	8	2	6	4	1	5	3
1	5	2	7	3	9	6	4	8
4	6	3	1	5	8	7	2	9
2	8	5	3	1	6	9	7	4
3	7	6	9	4	5	8	1	2
9	1	4	8	7	2	5	3	6

201

4	9	2	6	5	3	7	8	1
8	7	1	9	4	2	3	6	5
5	3	6	1	7	8	4	9	2
2	6	9	3	1	7	5	4	8
7	1	8	5	9	4	6	2	3
3	4	5	8	2	6	1	7	9
1	5	4	2	6	9	8	3	7
9	8	7	4	3	5	2	1	6
6	2	3	7	8	1	9	5	4

202

7	3	8	2	6	1	4	9	5
2	5	4	9	7	8	3	1	6
1	6	9	3	5	4	2	7	8
8	2	3	7	1	6	5	4	9
9	1	5	8	4	3	6	2	7
6	4	7	5	9	2	1	8	3
4	7	6	1	3	9	8	5	2
3	9	2	4	8	5	7	6	1
5	8	1	6	2	7	9	3	4

203

3	4	1	7	9	6	8	2	5
8	7	2	3	1	5	6	9	4
9	6	5	4	8	2	7	3	1
4	8	6	9	7	1	2	5	3
5	1	7	8	2	3	4	6	9
2	9	3	6	5	4	1	7	8
6	5	8	2	4	9	3	1	7
1	2	4	5	3	7	9	8	6
7	3	9	1	6	8	5	4	2

204

9	3	1	8	5	2	7	6	4
6	4	8	7	9	3	2	1	5
5	2	7	1	4	6	3	8	9
3	8	4	5	6	1	9	7	2
1	6	9	2	7	4	5	3	8
7	5	2	3	8	9	1	4	6
8	1	6	9	2	7	4	5	3
4	9	3	6	1	5	8	2	7
2	7	5	4	3	8	6	9	1

205

2	6	4	9	8	5	7	1	3
9	7	1	2	6	3	5	4	8
5	3	8	1	7	4	2	6	9
6	4	3	8	5	9	1	2	7
1	8	2	6	4	7	9	3	5
7	9	5	3	1	2	4	8	6
8	5	6	7	2	1	3	9	4
3	1	7	4	9	8	6	5	2
4	2	9	5	3	6	8	7	1

206

7	6	4	8	9	2	1	5	3
9	3	8	4	5	1	2	6	7
2	5	1	3	7	6	8	9	4
1	7	3	9	2	5	4	8	6
8	9	6	7	4	3	5	1	2
4	2	5	6	1	8	7	3	9
3	4	9	1	8	7	6	2	5
5	1	7	2	6	9	3	4	8
6	8	2	5	3	4	9	7	1

207

7	5	4	6	8	3	1	2	9
9	6	2	1	7	4	3	8	5
3	1	8	9	5	2	4	6	7
8	7	1	3	4	5	2	9	6
5	2	3	7	9	6	8	4	1
4	9	6	2	1	8	7	5	3
1	4	7	5	2	9	6	3	8
2	3	9	8	6	1	5	7	4
6	8	5	4	3	7	9	1	2

208

8	2	3	4	5	7	1	9	6
4	5	7	1	9	6	3	8	2
9	6	1	8	2	3	5	7	4
5	7	9	2	3	8	6	4	1
6	1	8	7	4	5	9	2	3
2	3	4	6	1	9	7	5	8
1	9	2	5	6	4	8	3	7
7	4	5	3	8	1	2	6	9
3	8	6	9	7	2	4	1	5

209

8	4	5	3	2	7	9	1	6
3	6	7	1	9	5	4	2	8
2	1	9	6	4	8	3	7	5
4	5	2	7	8	1	6	3	9
1	8	3	5	6	9	7	4	2
7	9	6	4	3	2	5	8	1
9	3	8	2	5	4	1	6	7
5	7	4	8	1	6	2	9	3
6	2	1	9	7	3	8	5	4

210

6	3	2	9	8	1	7	4	5
7	8	5	4	2	3	9	6	1
4	1	9	6	7	5	2	3	8
2	9	1	3	6	7	8	5	4
5	6	4	1	9	8	3	7	2
8	7	3	5	4	2	1	9	6
3	4	7	2	1	6	5	8	9
1	5	6	8	3	9	4	2	7
9	2	8	7	5	4	6	1	3

211

1	6	8	4	9	2	3	7	5
3	9	4	6	5	7	2	8	1
7	5	2	8	3	1	6	4	9
5	1	9	7	2	8	4	6	3
8	4	3	9	1	6	7	5	2
6	2	7	5	4	3	1	9	8
9	3	6	1	8	4	5	2	7
4	8	1	2	7	5	9	3	6
2	7	5	3	6	9	8	1	4

212

2	6	1	8	9	7	5	4	3
7	8	9	3	4	5	2	6	1
3	4	5	1	2	6	8	7	9
5	7	3	6	8	2	1	9	4
9	2	8	4	3	1	6	5	7
4	1	6	7	5	9	3	2	8
1	5	4	9	6	3	7	8	2
8	3	2	5	7	4	9	1	6
6	9	7	2	1	8	4	3	5

213

9	4	6	5	3	7	2	1	8
7	5	8	2	9	1	6	3	4
2	1	3	6	8	4	5	7	9
5	9	7	3	2	8	4	6	1
4	3	1	7	5	6	8	9	2
8	6	2	1	4	9	7	5	3
1	8	5	9	6	2	3	4	7
3	7	4	8	1	5	9	2	6
6	2	9	4	7	3	1	8	5

214

7	5	4	2	3	6	9	1	8
1	2	9	4	7	8	3	5	6
6	3	8	1	5	9	7	2	4
2	4	5	8	9	3	6	7	1
3	6	7	5	1	4	8	9	2
9	8	1	7	6	2	5	4	3
5	1	2	6	8	7	4	3	9
4	9	6	3	2	5	1	8	7
8	7	3	9	4	1	2	6	5

215

2	3	5	4	6	1	8	7	9
7	9	6	2	8	3	4	5	1
1	8	4	7	5	9	3	6	2
3	7	8	6	1	5	9	2	4
4	6	1	9	2	7	5	8	3
9	5	2	8	3	4	7	1	6
8	4	3	1	7	6	2	9	5
5	1	7	3	9	2	6	4	8
6	2	9	5	4	8	1	3	7

216

5	1	9	8	4	3	7	6	2
2	7	3	6	9	5	4	1	8
4	8	6	1	7	2	5	9	3
7	9	8	3	2	1	6	5	4
6	3	4	9	5	7	2	8	1
1	2	5	4	8	6	9	3	7
9	4	1	7	6	8	3	2	5
8	5	7	2	3	9	1	4	6
3	6	2	5	1	4	8	7	9

217

6	9	7	3	4	1	2	5	8
2	3	5	9	7	8	1	4	6
1	8	4	6	2	5	7	9	3
5	7	3	2	1	6	4	8	9
8	4	6	7	3	9	5	2	1
9	1	2	5	8	4	3	6	7
3	6	1	4	9	2	8	7	5
7	2	9	8	5	3	6	1	4
4	5	8	1	6	7	9	3	2

218

1	9	2	5	8	3	6	7	4
8	3	4	7	9	6	5	1	2
6	5	7	2	1	4	3	9	8
3	1	5	4	6	7	8	2	9
2	7	9	8	3	1	4	6	5
4	8	6	9	2	5	1	3	7
7	2	1	6	4	8	9	5	3
9	6	8	3	5	2	7	4	1
5	4	3	1	7	9	2	8	6

219

1	7	9	8	2	4	6	3	5
8	5	6	7	3	9	2	1	4
3	2	4	5	1	6	9	7	8
4	3	2	9	5	1	8	6	7
7	9	8	4	6	2	1	5	3
5	6	1	3	7	8	4	2	9
9	1	5	6	4	3	7	8	2
2	4	3	1	8	7	5	9	6
6	8	7	2	9	5	3	4	1

220

3	8	6	4	5	1	9	7	2
4	9	7	6	3	2	8	1	5
1	5	2	9	7	8	3	4	6
5	2	4	1	9	3	6	8	7
8	6	3	5	4	7	2	9	1
9	7	1	8	2	6	5	3	4
6	4	8	2	1	9	7	5	3
2	3	5	7	8	4	1	6	9
7	1	9	3	6	5	4	2	8

221

9	5	3	7	4	8	6	1	2
2	1	6	3	5	9	8	7	4
8	4	7	2	1	6	9	5	3
1	2	9	8	3	4	7	6	5
3	7	4	6	9	5	1	2	8
6	8	5	1	2	7	3	4	9
7	9	1	4	8	2	5	3	6
4	6	8	5	7	3	2	9	1
5	3	2	9	6	1	4	8	7

222

6	4	3	8	9	7	5	1	2
1	2	5	3	4	6	8	9	7
7	9	8	1	5	2	4	3	6
2	1	7	5	3	8	6	4	9
5	3	6	4	2	9	7	8	1
4	8	9	6	7	1	3	2	5
9	6	4	7	1	3	2	5	8
8	5	2	9	6	4	1	7	3
3	7	1	2	8	5	9	6	4

223

2	5	9	6	8	7	4	1	3
8	4	7	3	9	1	6	2	5
6	1	3	4	5	2	7	9	8
9	7	1	5	6	3	8	4	2
3	8	2	1	7	4	9	5	6
5	6	4	8	2	9	1	3	7
1	2	6	9	3	8	5	7	4
7	9	8	2	4	5	3	6	1
4	3	5	7	1	6	2	8	9

224

5	8	1	9	2	3	7	4	6
3	7	2	5	6	4	8	1	9
9	6	4	1	8	7	5	2	3
1	9	3	2	4	5	6	8	7
7	4	5	8	1	6	9	3	2
6	2	8	3	7	9	4	5	1
8	1	6	4	9	2	3	7	5
2	5	9	7	3	8	1	6	4
4	3	7	6	5	1	2	9	8

225

5	6	4	8	7	9	3	1	2
2	9	7	1	3	4	5	6	8
1	3	8	6	5	2	7	4	9
3	8	5	9	1	6	4	2	7
6	7	1	4	2	5	8	9	3
4	2	9	7	8	3	6	5	1
7	1	6	5	9	8	2	3	4
8	5	2	3	4	1	9	7	6
9	4	3	2	6	7	1	8	5

226

1	4	7	2	8	5	6	3	9
8	5	2	3	9	6	4	7	1
3	6	9	7	4	1	5	8	2
7	8	6	5	2	9	1	4	3
2	3	5	1	6	4	7	9	8
4	9	1	8	7	3	2	6	5
5	7	4	9	1	8	3	2	6
9	2	3	6	5	7	8	1	4
6	1	8	4	3	2	9	5	7

227

3	9	1	8	4	2	6	7	5
6	5	4	3	7	9	8	1	2
8	2	7	6	1	5	9	4	3
5	1	3	2	6	8	4	9	7
7	6	9	4	5	3	2	8	1
4	8	2	1	9	7	3	5	6
1	7	6	9	2	4	5	3	8
2	4	8	5	3	1	7	6	9
9	3	5	7	8	6	1	2	4

228

9	3	5	4	7	8	1	2	6
4	8	1	9	2	6	5	3	7
6	7	2	3	5	1	9	4	8
8	9	6	1	4	2	7	5	3
7	5	4	6	9	3	2	8	1
1	2	3	7	8	5	4	6	9
3	4	8	2	1	7	6	9	5
5	1	9	8	6	4	3	7	2
2	6	7	5	3	9	8	1	4

229

8	6	4	9	5	1	3	2	7
3	2	7	6	4	8	5	9	1
5	9	1	3	2	7	6	8	4
6	4	2	1	3	9	8	7	5
7	3	8	2	6	5	1	4	9
1	5	9	7	8	4	2	3	6
9	7	3	8	1	6	4	5	2
2	1	5	4	7	3	9	6	8
4	8	6	5	9	2	7	1	3

230

6	1	2	8	4	5	3	9	7
3	7	4	6	9	1	5	8	2
8	5	9	7	2	3	1	4	6
5	6	3	2	1	9	4	7	8
9	4	8	5	7	6	2	1	3
1	2	7	4	3	8	6	5	9
7	3	1	9	5	2	8	6	4
4	8	5	3	6	7	9	2	1
2	9	6	1	8	4	7	3	5

231

8	5	6	7	2	4	3	9	1
1	7	2	3	5	9	8	4	6
4	9	3	6	8	1	7	2	5
2	8	7	5	4	6	9	1	3
6	1	9	2	3	8	4	5	7
5	3	4	9	1	7	6	8	2
3	6	5	8	9	2	1	7	4
9	2	1	4	7	3	5	6	8
7	4	8	1	6	5	2	3	9

232

6	4	1	5	8	3	9	2	7
7	8	5	9	2	1	6	3	4
3	9	2	6	4	7	1	8	5
8	6	7	4	9	5	2	1	3
4	2	3	7	1	8	5	6	9
5	1	9	2	3	6	7	4	8
9	3	6	1	5	4	8	7	2
1	5	8	3	7	2	4	9	6
2	7	4	8	6	9	3	5	1

233

2	9	8	4	1	6	5	3	7
1	3	4	9	5	7	2	8	6
7	6	5	3	8	2	9	1	4
5	7	3	2	9	1	4	6	8
9	8	6	7	4	5	3	2	1
4	2	1	6	3	8	7	9	5
3	4	7	1	6	9	8	5	2
8	1	9	5	2	4	6	7	3
6	5	2	8	7	3	1	4	9

234

1	7	5	9	4	3	6	2	8
4	8	2	1	6	5	9	7	3
9	6	3	2	8	7	1	5	4
6	3	8	5	2	9	4	1	7
5	9	7	4	1	6	3	8	2
2	4	1	3	7	8	5	6	9
3	1	9	7	5	2	8	4	6
8	2	4	6	9	1	7	3	5
7	5	6	8	3	4	2	9	1

235

8	1	5	6	4	3	9	7	2
3	2	4	9	8	7	5	6	1
7	6	9	5	2	1	8	4	3
1	7	6	3	9	2	4	5	8
4	9	2	8	7	5	3	1	6
5	8	3	4	1	6	7	2	9
6	4	1	7	3	9	2	8	5
2	3	8	1	5	4	6	9	7
9	5	7	2	6	8	1	3	4

236

4	2	3	8	6	1	5	9	7
8	9	6	7	2	5	4	1	3
1	7	5	3	4	9	8	2	6
2	5	4	6	9	7	1	3	8
3	6	9	4	1	8	7	5	2
7	8	1	2	5	3	6	4	9
6	1	2	9	8	4	3	7	5
9	4	7	5	3	6	2	8	1
5	3	8	1	7	2	9	6	4

237

3	8	2	6	1	5	9	4	7
6	7	5	8	4	9	1	2	3
1	4	9	2	7	3	6	5	8
2	5	8	1	3	6	7	9	4
9	1	3	7	2	4	5	8	6
7	6	4	5	9	8	2	3	1
4	3	7	9	5	1	8	6	2
5	2	6	4	8	7	3	1	9
8	9	1	3	6	2	4	7	5

238

9	5	6	3	2	8	4	7	1
4	1	8	6	9	7	3	5	2
7	2	3	4	1	5	8	9	6
8	4	5	7	6	1	9	2	3
6	7	2	9	8	3	5	1	4
1	3	9	2	5	4	7	6	8
3	6	4	5	7	2	1	8	9
2	8	7	1	4	9	6	3	5
5	9	1	8	3	6	2	4	7

239

1	4	7	9	2	3	5	8	6
3	6	5	7	1	8	2	9	4
9	2	8	4	6	5	7	3	1
8	9	6	2	3	4	1	5	7
5	7	2	1	9	6	3	4	8
4	1	3	5	8	7	6	2	9
6	5	4	8	7	2	9	1	3
2	3	9	6	4	1	8	7	5
7	8	1	3	5	9	4	6	2

240

4	5	9	3	1	7	2	8	6
3	1	2	6	8	5	9	4	7
6	7	8	4	9	2	3	1	5
8	3	1	9	7	4	5	6	2
2	6	5	1	3	8	7	9	4
7	9	4	5	2	6	8	3	1
5	4	7	8	6	3	1	2	9
1	2	3	7	4	9	6	5	8
9	8	6	2	5	1	4	7	3

241

6	9	1	4	7	8	5	2	3
2	5	7	1	3	9	6	4	8
3	4	8	6	2	5	9	1	7
4	1	5	8	6	3	2	7	9
7	2	6	9	5	1	3	8	4
9	8	3	7	4	2	1	5	6
1	7	2	3	9	4	8	6	5
8	3	4	5	1	6	7	9	2
5	6	9	2	8	7	4	3	1

242

7	1	8	5	6	2	4	9	3
6	2	5	4	3	9	1	8	7
4	9	3	7	8	1	6	5	2
1	4	7	3	5	8	2	6	9
3	5	9	1	2	6	7	4	8
2	8	6	9	4	7	3	1	5
5	6	4	2	9	3	8	7	1
9	3	1	8	7	4	5	2	6
8	7	2	6	1	5	9	3	4

243

5	7	1	6	2	9	3	8	4
9	3	8	5	4	7	1	2	6
6	2	4	1	3	8	5	7	9
4	1	9	8	7	3	2	6	5
2	8	5	9	6	4	7	1	3
3	6	7	2	5	1	9	4	8
7	4	6	3	9	2	8	5	1
8	9	2	4	1	5	6	3	7
1	5	3	7	8	6	4	9	2

244

8	5	6	4	3	1	9	2	7
3	2	4	9	5	7	6	1	8
1	9	7	2	6	8	5	4	3
2	7	8	6	4	9	3	5	1
6	4	1	5	8	3	2	7	9
5	3	9	1	7	2	8	6	4
4	8	2	7	9	6	1	3	5
9	1	5	3	2	4	7	8	6
7	6	3	8	1	5	4	9	2

245

6	2	5	9	4	3	8	7	1
4	8	1	5	7	2	9	6	3
9	3	7	6	8	1	4	5	2
3	1	6	7	9	4	5	2	8
7	4	8	2	5	6	1	3	9
5	9	2	3	1	8	7	4	6
8	7	3	1	6	5	2	9	4
2	5	4	8	3	9	6	1	7
1	6	9	4	2	7	3	8	5

246

2	9	7	5	6	3	8	1	4
3	5	6	8	1	4	9	2	7
8	4	1	2	9	7	6	3	5
7	6	5	3	4	1	2	9	8
9	3	8	7	2	5	1	4	6
4	1	2	6	8	9	7	5	3
6	2	4	1	5	8	3	7	9
5	8	3	9	7	2	4	6	1
1	7	9	4	3	6	5	8	2

247

5	7	1	6	3	9	2	8	4
6	8	9	4	2	7	1	5	3
2	3	4	1	5	8	6	7	9
7	5	3	2	8	4	9	6	1
1	4	8	5	9	6	7	3	2
9	6	2	3	7	1	5	4	8
8	9	5	7	1	3	4	2	6
4	1	7	8	6	2	3	9	5
3	2	6	9	4	5	8	1	7

248

7	8	5	6	9	3	4	1	2
2	1	9	4	8	5	3	7	6
3	6	4	7	1	2	8	9	5
6	2	1	3	5	8	9	4	7
4	9	3	2	7	1	6	5	8
5	7	8	9	6	4	2	3	1
1	3	2	5	4	6	7	8	9
8	4	7	1	2	9	5	6	3
9	5	6	8	3	7	1	2	4

249

9	1	5	3	7	2	8	4	6
8	6	4	9	1	5	7	2	3
2	7	3	6	8	4	9	1	5
3	2	6	5	9	7	1	8	4
1	8	7	2	4	3	5	6	9
5	4	9	8	6	1	2	3	7
4	9	1	7	2	6	3	5	8
6	5	8	1	3	9	4	7	2
7	3	2	4	5	8	6	9	1

250

4	6	8	7	9	1	5	3	2
5	3	9	6	4	2	1	8	7
1	2	7	8	3	5	9	4	6
2	1	6	4	5	8	3	7	9
9	5	4	2	7	3	8	6	1
8	7	3	1	6	9	2	5	4
6	9	2	3	8	7	4	1	5
7	8	1	5	2	4	6	9	3
3	4	5	9	1	6	7	2	8

251

5	4	1	9	3	7	2	6	8
6	3	8	4	1	2	9	7	5
7	9	2	8	6	5	3	4	1
8	1	5	2	9	4	7	3	6
3	2	6	1	7	8	4	5	9
4	7	9	3	5	6	8	1	2
2	5	3	6	4	9	1	8	7
9	6	4	7	8	1	5	2	3
1	8	7	5	2	3	6	9	4

252

5	3	1	2	4	7	9	8	6
7	8	6	3	9	5	2	1	4
9	2	4	1	6	8	3	5	7
3	6	5	8	7	2	4	9	1
4	7	2	9	3	1	8	6	5
8	1	9	6	5	4	7	2	3
1	5	3	7	2	9	6	4	8
2	4	7	5	8	6	1	3	9
6	9	8	4	1	3	5	7	2

253

6	4	9	5	2	8	1	7	3
5	3	7	1	9	4	2	6	8
8	2	1	6	3	7	4	9	5
1	7	5	2	4	9	8	3	6
4	6	3	7	8	5	9	1	2
9	8	2	3	6	1	5	4	7
3	9	6	8	1	2	7	5	4
2	5	4	9	7	6	3	8	1
7	1	8	4	5	3	6	2	9

254

1	6	4	3	8	2	5	9	7
5	8	2	1	9	7	4	6	3
7	3	9	4	5	6	1	8	2
4	2	3	8	1	9	7	5	6
9	1	5	6	7	4	2	3	8
8	7	6	5	2	3	9	1	4
2	5	7	9	3	8	6	4	1
6	9	8	2	4	1	3	7	5
3	4	1	7	6	5	8	2	9

255

4	6	9	3	1	8	7	2	5
5	7	1	6	2	9	8	3	4
3	2	8	7	4	5	1	9	6
2	5	7	1	3	6	9	4	8
8	3	6	4	9	7	5	1	2
9	1	4	5	8	2	3	6	7
1	8	2	9	7	4	6	5	3
6	4	3	8	5	1	2	7	9
7	9	5	2	6	3	4	8	1

256

6	7	4	2	3	8	9	1	5
3	5	8	9	6	1	7	2	4
1	2	9	7	4	5	8	6	3
7	4	1	8	5	6	2	3	9
9	6	5	3	2	7	4	8	1
2	8	3	1	9	4	5	7	6
5	3	7	4	1	2	6	9	8
4	1	2	6	8	9	3	5	7
8	9	6	5	7	3	1	4	2

257

3	8	7	2	1	4	9	6	5
2	6	5	9	3	8	4	7	1
1	9	4	6	5	7	2	8	3
8	7	9	4	2	3	5	1	6
5	3	1	7	9	6	8	4	2
4	2	6	1	8	5	3	9	7
6	4	2	3	7	9	1	5	8
7	1	8	5	4	2	6	3	9
9	5	3	8	6	1	7	2	4

258

1	5	7	8	9	2	4	3	6
3	2	4	6	7	1	8	9	5
8	6	9	3	5	4	7	1	2
4	7	6	2	1	3	5	8	9
9	3	2	5	8	7	6	4	1
5	8	1	9	4	6	2	7	3
7	1	5	4	2	9	3	6	8
2	4	3	1	6	8	9	5	7
6	9	8	7	3	5	1	2	4

259

5	2	3	6	7	8	4	9	1
9	6	7	2	4	1	3	8	5
8	4	1	9	5	3	2	6	7
6	7	4	1	9	5	8	3	2
2	8	9	7	3	4	5	1	6
1	3	5	8	6	2	9	7	4
4	9	8	5	1	7	6	2	3
7	5	6	3	2	9	1	4	8
3	1	2	4	8	6	7	5	9

260

4	7	5	6	8	9	2	1	3
2	8	6	1	5	3	9	7	4
9	1	3	2	7	4	8	5	6
1	6	9	8	4	5	7	3	2
8	3	4	7	2	1	6	9	5
7	5	2	9	3	6	4	8	1
6	2	1	5	9	7	3	4	8
5	4	7	3	6	8	1	2	9
3	9	8	4	1	2	5	6	7

261

6	7	5	2	3	9	1	8	4
2	3	9	8	4	1	7	6	5
4	8	1	7	6	5	3	2	9
1	6	4	9	7	2	5	3	8
3	9	7	6	5	8	2	4	1
5	2	8	4	1	3	9	7	6
8	4	2	1	9	7	6	5	3
9	5	6	3	2	4	8	1	7
7	1	3	5	8	6	4	9	2

262

7	6	3	9	1	5	8	4	2
2	9	8	3	4	6	1	5	7
1	5	4	8	7	2	9	6	3
9	1	6	2	5	8	3	7	4
3	8	7	1	6	4	2	9	5
4	2	5	7	3	9	6	1	8
5	3	2	4	9	1	7	8	6
8	4	1	6	2	7	5	3	9
6	7	9	5	8	3	4	2	1

263

1	4	5	9	6	7	3	8	2
3	7	8	2	5	1	9	6	4
2	9	6	8	3	4	1	7	5
9	5	4	1	8	3	6	2	7
7	6	2	4	9	5	8	3	1
8	1	3	6	7	2	5	4	9
6	3	7	5	2	9	4	1	8
4	2	9	3	1	8	7	5	6
5	8	1	7	4	6	2	9	3

264

3	4	8	7	9	2	5	1	6
5	6	7	4	1	3	8	9	2
2	1	9	8	6	5	7	3	4
9	3	5	6	7	1	4	2	8
4	8	1	5	2	9	3	6	7
7	2	6	3	8	4	1	5	9
6	5	4	9	3	7	2	8	1
8	7	2	1	5	6	9	4	3
1	9	3	2	4	8	6	7	5

265

1	2	7	8	9	4	3	5	6
3	4	6	7	2	5	8	1	9
8	5	9	1	3	6	7	4	2
4	1	2	3	5	9	6	8	7
6	7	5	2	8	1	4	9	3
9	3	8	6	4	7	5	2	1
7	9	1	5	6	8	2	3	4
5	6	3	4	1	2	9	7	8
2	8	4	9	7	3	1	6	5

266

4	1	3	6	8	9	7	5	2
6	2	9	5	7	1	8	3	4
5	7	8	2	3	4	6	1	9
9	4	7	3	5	8	2	6	1
8	6	1	7	4	2	5	9	3
2	3	5	9	1	6	4	7	8
3	8	6	4	9	5	1	2	7
7	5	4	1	2	3	9	8	6
1	9	2	8	6	7	3	4	5

267

1	7	8	4	3	9	5	6	2
5	2	4	8	1	6	9	7	3
6	3	9	7	2	5	4	1	8
4	8	7	6	5	1	2	3	9
9	1	3	2	7	4	6	8	5
2	5	6	3	9	8	1	4	7
3	4	1	9	8	2	7	5	6
8	6	2	5	4	7	3	9	1
7	9	5	1	6	3	8	2	4